A aplicação do Sistema de Informações Geográficas em estudos ambientais

A aplicação do Sistema de Informações Geográficas em estudos ambientais

Monika Christina Portella Garcia

Rua Clara Vendramin, 58 . Mossunguê
CEP 81200-170 . Curitiba . PR . Brasil
Fone: (41) 2106-4170
www.intersaberes.com
editora@editoraintersaberes.com.br

Conselho editorial ◙ Dr. Ivo José Both (presidente) |
Dr.ª Elena Godoy | Dr. Nelson Luís Dias | Dr. Neri dos Santos |
Dr. Ulf Gregor Baranow
Editora-chefe ◙ Lindsay Azambuja
Supervisora editorial ◙ Ariadne Nunes Wenger
Analista editorial ◙ Ariel Martins
Capa e projeto gráfico ◙ Sílvio Gabriel Spannenberg
Diagramação ◙ Capitular Design Editorial

Dados Internacionais de Catalogação na Publicação (CIP)
(Câmara Brasileira do Livro, SP, Brasil)

Garcia, Monika Christina Portella
  A aplicação do sistema de informações geográficas em estudos ambientais/ Monika Christina Portella Garcia. Curitiba: InterSaberes, 2014.

  Bibliografia.
  ISBN 978-85-8212-992-0

  1. Banco de dados geográficos 2. Cartografia 3. Espaço geográfico 4. Estudos ambientais 5. Sistemas de Informação Geográfica (SIG) I. Título.

14-03631   CDD-910.285

Índices para catálogo sistemático:
1. SIG: Sistemas de Informações Geográficas em estudos ambientais 910.285

1ª edição, 2014.
Foi feito o depósito legal.

Informamos que é de inteira responsabilidade da autora a emissão de conceitos. Nenhuma parte desta publicação poderá ser reproduzida por qualquer meio ou forma sem a prévia autorização da Editora InterSaberes.
A violação dos direitos autorais é crime estabelecido na Lei nº 9.610/1998 e punido pelo art. 184 do Código Penal.

SUMÁRIO

- 8   Apresentação
- 10   Como aproveitar ao máximo este livro
- 14   Introdução

Capítulo 1
17   Introdução à cartografia
- 18   1.1 A forma da Terra
- 25   1.2 Projeções cartográficas
- 30   1.3 Sistemas de coordenadas
- 33   1.4 Extração de coordenadas de carta ou mapa
- 34   1.5 Representações cartográficas
- 40   1.6 Escalas

Capítulo 2
53   Introdução ao Sistema de Informações Geográficas (SIG)
- 54   2.1 Definições de SIG
- 56   2.2 Breve histórico da evolução dos SIGs
- 58   2.3 Desenvolvimento/operacionalidade de um SIG
- 59   2.4 Banco de dados geográficos
- 62   2.5 Principais funções dos SIGs

Capítulo 3
75   Tipos ou modelos de dados espaciais
- 78   3.1 Classes de dados espaciais
- 79   3.2 Estruturas de representação de dados
- 85   3.3 Conversão entre dados
- 87   3.4 Qualidade dos dados e dos erros

Capítulo 4
93 Representação de dados ambientais, econômicos e sociais
100 4.1 Estudos de casos

106 Para concluir...
108 Listas
112 Referências
118 Respostas
122 Sobre a autora
124 Apêndices

APRESENTAÇÃO

Este livro discute questões essenciais do contexto atual das ciências, em que o uso de mapas, imagens de satélite e informações georreferenciadas torna-se cada vez mais frequente. Desse modo, pretendemos abordar, de forma didática, alguns elementos que nos parecem importantes à compreensão da cartografia, dos Sistemas de Informações Geográficas (SIGs) e da espacialização de informações. Os assuntos são tratados de forma acessível tanto a professores quanto a profissionais técnicos e alunos de ensino superior e pós-graduação, apresentando um leque de informações amplo e com adequada dose de profundidade aos propósitos de um livro com fins didáticos.

Os assuntos são tratados nos seguintes capítulos:

1. *Introdução à cartografia* – Abordamos conceitos essenciais à compreensão da cartografia geral, de modo simples e didático.
2. *Introdução ao Sistema de Informações Geográficas (SIG)* – Apresentamos a evolução histórica dos Sistemas de Informações Geográficas, bem como os elementos essenciais ao entendimento desses mecanismos.
3. *Tipos ou modelos de dados espaciais* – Apresentamos os principais tipos e as aplicações de dados utilizados nas espacializações.
4. *Representação de dados ambientais, econômicos e sociais* – A partir da aplicação de *softwares* de geoprocessamento, apresentamos alguns exemplos práticos de uso de informações ambientais, sociais e econômicas.

COMO APROVEITAR AO MÁXIMO ESTE LIVRO

Este livro traz alguns recursos que visam enriquecer o seu aprendizado, facilitar a compreensão dos conteúdos e tornar a leitura mais dinâmica. São ferramentas projetadas de acordo com a natureza dos temas que vamos examinar. Veja a seguir como esses recursos se encontram distribuídos no decorrer desta obra.

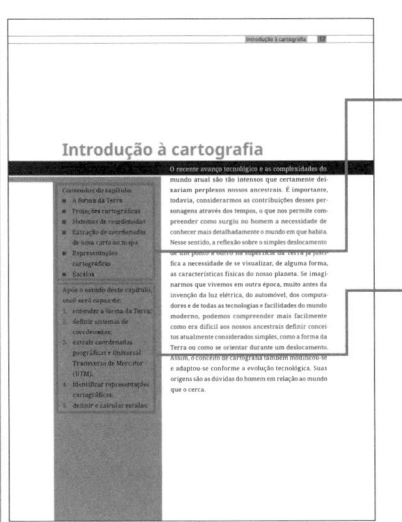

Conteúdos do capítulo
Logo na abertura do capítulo, você fica conhecendo os conteúdos que nele serão abordados.

Após o estudo deste capítulo, você será capaz de:
Você também é informado a respeito das competências que irá desenvolver e dos conhecimentos que irá adquirir com o estudo do capítulo.

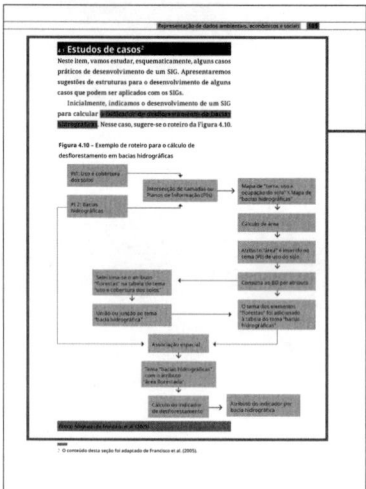

Estudos de caso

Esta seção traz ao seu conhecimento situações que vão aproximar os conteúdos estudados de sua prática profissional.

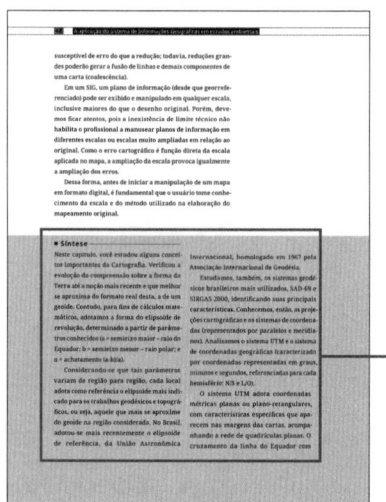

Síntese

Você dispõe, ao final do capítulo, de uma síntese que traz os principais conceitos nele abordados.

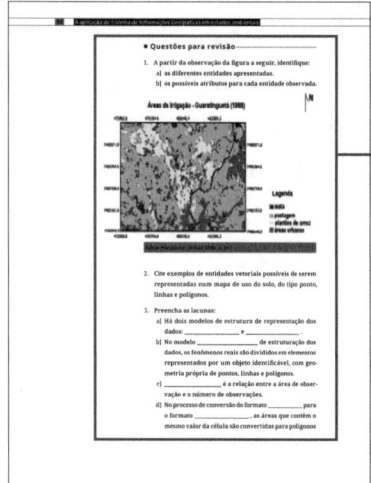

Questões para revisão

Com estas atividades, você tem a possibilidade de rever os principais conceitos analisados. Ao final do livro, a autora disponibiliza as respostas às questões, a fim de que você possa verificar como está sua aprendizagem.

Questões para reflexão

Nesta seção, a proposta é levá-lo a refletir criticamente sobre alguns assuntos e a trocar ideias e experiências com seus pares.

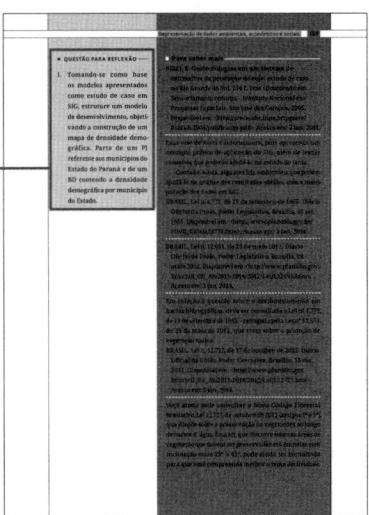

Para saber mais

Você pode consultar as obras indicadas nesta seção para aprofundar sua aprendizagem.

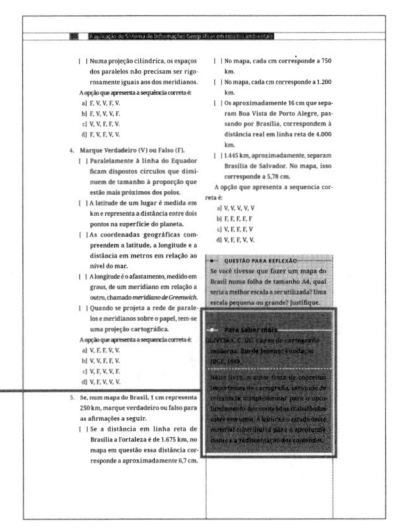

INTRODUÇÃO

Considerando-se a evolução acelerada dos processos tecnológicos, acreditamos que os conhecimentos ligados à cartografia são essenciais, não somente como aspecto relevante para a localização geográfica individual, mas especialmente para a melhor orientação das ações voltadas ao planejamento e à organização dos territórios.

Sem dúvida, os recursos tecnológicos ligados ao uso do geoprocessamento configuram-se como importantes ferramentas em variados segmentos do conhecimento. Em diversas áreas, enfatizam-se os estudos ambientais com o suporte de ferramentas de geoprocessamento, sobretudo de Sistemas de Informação Geográfica (SIG).

É importante destacarmos, todavia, que os conhecimentos de cartografia devem ser internalizados e bem sedimentados, uma vez que todo o conjunto de ferramentas tecnológicas disponíveis atualmente requer conhecimentos prévios e básicos nessa área.

De modo geral, esta obra mostra-se relevante por abordar uma temática atual nas ciências que utilizam a espacialização de dados, sobretudo no que se refere aos dados ambientais. Para tanto, além da apresentação de elementos cartográficos importantes à noção da espacialização geográfica, serão discutidos outros assuntos que permeiam a temática dos SIGs, como histórico, banco de dados geográficos, tipos de dados espaciais e suas representações.

Introdução à cartografia

Conteúdos do capítulo:
- A forma da Terra.
- Projeções cartográficas.
- Sistemas de coordenadas.
- Extração de coordenadas de uma carta ou de um mapa.
- Representações cartográficas.
- Escalas.

Após o estudo deste capítulo, você será capaz de:
1. entender a forma da Terra;
2. definir sistemas de coordenadas;
3. extrair coordenadas geográficas e Universal Transversa de Mercator (UTM);
4. identificar representações cartográficas;
5. definir e calcular escalas.

O recente avanço tecnológico e as complexidades do mundo atual são tão intensos que certamente deixariam perplexos nossos ancestrais. É importante, todavia, considerarmos as contribuições desses personagens através dos tempos, o que nos permite compreender como surgiu no homem a necessidade de conhecer mais detalhadamente o mundo em que habita. Nesse sentido, a reflexão sobre o simples deslocamento de um ponto a outro na superfície da Terra já justifica a necessidade de se visualizar, de alguma forma, as características físicas do nosso planeta. Se imaginarmos que vivemos em outra época, muito antes da invenção da luz elétrica, do automóvel, dos computadores e de todas as tecnologias e facilidades do mundo moderno, podemos compreender mais facilmente como era difícil aos nossos ancestrais definir conceitos atualmente considerados simples, como a forma da Terra ou como se orientar durante um deslocamento. Assim, o conceito de *cartografia* também modificou-se e adaptou-se conforme a evolução tecnológica. Suas origens remontam às dúvidas do homem em relação aos espaços que o cercam.

Conforme o IBGE (1998):

O conceito de Cartografia tem suas origens intimamente ligadas às inquietações que sempre se manifestaram no ser humano, no tocante a conhecer o mundo em que ele habita. O vocábulo *CARTOGRAFIA*, terminologicamente, descrição de cartas, foi introduzido em 1839, pelo segundo Visconde de Santarém – Manoel Francisco de Barros e Souza de Mesquita de Macedo Leitão (1791–1856).

Inicialmente, a concepção da palavra *cartografia* relacionava-se à arte do traçado de mapas, para, em seguida, abranger a ciência, a técnica e a arte de representar a superfície terrestre (IBGE, 1998).

Ainda de acordo com o IBGE (1998):

Em 1949, a Organização das Nações Unidas já reconhecia a importância da Cartografia através da seguinte assertiva, lavrada em Atas e Anais: "CARTOGRAFIA – no sentido lato da palavra não é apenas uma das ferramentas básicas do desenvolvimento econômico, mas é a primeira ferramenta a ser usada antes que outras ferramentas possam ser postas em trabalho".

Todavia, o conceito de *cartografia* que hoje é amplamente aceito foi estabelecido em 1966 pela Associação Cartográfica Internacional (ACI), tendo sido ratificado pela Organização das Nações Unidas para a Educação, a Ciência e a Cultura (Unesco), no mesmo ano, conforme indica o IBGE (1998):

A Cartografia apresenta-se como o conjunto de estudos e operações científicas, técnicas e artísticas que, tendo por base os resultados de observações diretas ou da análise de documentação, se voltam para a elaboração de mapas, cartas e outras formas de expressão ou representação de objetos, elementos, fenômenos e ambientes físicos e socioeconômicos, bem como a sua utilização.

O processo cartográfico, de modo geral, envolve, além da coleta de dados, o estudo, a análise, a composição e a representação de observações, fatos, fenômenos e dados referentes à superfície terrestre (IBGE, 1998). Portanto, tendo em vista a necessidade de aprofundarmos seu estudo, é importante que você conheça alguns elementos essenciais de cartografia, os quais serão apresentados na sequência.

1.1 A forma da Terra

A forma do planeta em que habitamos, atualmente de compreensão bastante óbvia em função dos avanços tecnológicos que nos permitem analisá-la mais detalhadamente, foi motivo de violentas discussões no passado. Desde o apogeu da Antiga Grécia, muitos filósofos já acreditavam que a Terra apresentava uma superfície esférica e buscavam, assim, encontrar formas de calcular sua circunferência.

De acordo com Morris e Drabkin (1966), há inúmeros relatos históricos fantásticos desses cálculos realizados sem quaisquer recursos tecnológicos avançados. Contudo, destacamos a precisão dos cálculos efetuados pelo matemático e filósofo grego Erastótenes, por volta do ano 200 a.C. O sábio, responsável pela biblioteca de Alexandria, encontrou, ao organizar alguns pergaminhos, um texto indicando que, ao meio dia, na cidade de Siena (localizada nas proximidades do rio Nilo), não havia sombras no dia do solstício de verão.

Aquela assertiva intrigou Erastótenes pois, naquele mesmo dia, naquele horário, em Alexandria, cidade localizada mais ao norte, ele observou que os raios solares mostravam-se inclinados em relação à vertical, projetando sombras. O grego realizou, então, um curioso experimento: colocou estacas verticais no solo, uma em Siena e outra em Alexandria, ao meio dia do dia 21 de junho, e verificou a inclinação em relação à vertical a partir da sombra projetada em Alexandria, já que, em Siena, realmente não havia sombra naquele horário. A inclinação era de 7°12' (Morris; Drabkin, 1966).

Não dispondo de instrumentalização mais adequada, o sábio estimou a distância entre as duas cidades a partir de informações já disponíveis. Alguns estudiosos afirmam que ele teria mandado um escravo caminhar de Alexandria a Siena para calcular a quantidade de passos. A distância estimada era de 925.000 m. Desse modo, com a distância e o ângulo de inclinação, Erastótenes realizou, conforme Morris e Drabkin (1966), uma simples regra de três:

$$7°12' \rightarrow 925.000 \text{ m}$$
$$360° \rightarrow x$$
$$x = 46.250.000 \text{ m}$$

De acordo com o Elipsoide Internacional de Referência[1], a medida da circunferência terrestre é de 41.761.478,94 m (Oliveira, 1993). O valor obtido por Erastótenes, 46.250.000 m, é bastante próximo da medida real. O erro de 10%, aproximadamente, deveu-se a dois fatores principais, de acordo com Morris e Drabklin (1966):

1. Siena não estava localizada sobre o mesmo meridiano de Alexandria.
2. A distância real entre as duas cidades era de 830.000 m.

Posteriormente, já na Idade Média, a cartografia experimentou um grande retrocesso – aliás, como todas as ciências nesse período. Chegou-se a propor que a Terra seria redonda, mas como um disco plano, achatado, com abismos e monstros marinhos em seu fim. Diversos mapas e figuras da época retratavam tais crenças.

Somente com o início das grandes navegações as questões levantadas pelos gregos foram retomadas e a esfericidade da Terra voltou a ocupar o lugar central nas discussões científicas. Observações empíricas reacenderam essas questões, por exemplo: o fato de os navios aparentemente desaparecerem no horizonte; o movimento aparente da Estrela Polar em relação ao observador, conforme este se desloca no sentido norte-sul; a projeção da sombra da Terra na Lua durante os fenômenos de eclipse (Andrade, 1987).

---

1 O Elipsoide Internacional de Referência corresponde à técnica de posicionamento astronômico, na qual arbitra-se que a normal ao elipsoide (forma matemática da Terra) e a vertical, no ponto origem, são coincidentes, bem como as superfícies geoide e elipsoide, induzindo, assim, a coincidência das coordenadas geodésicas e astronômicas (IBGE, 1998).

Conforme Fitz (2008), outro interessante experimento contribuiu já no século XVII, para trazer novos elementos às discussões sobre a forma da Terra. O astrônomo francês Jean Richer constatou que um relógio com pêndulo de 1 m, situado em Caiena (na Guiana Francesa, próximo ao Equador), atrasava cerca de 2 minutos e meio por dia em relação a um relógio localizado em Paris.

A partir do Princípio da Gravitação Universal, de Isaac Newton, o estudioso francês estabeleceu relações entre as diferentes gravidades experimentadas nas proximidades do Equador e em Paris. Richer concluiu que, na zona equatorial, a distância entre a superfície e o centro da Terra deveria ser maior do que essa distância medida na proximidade dos polos[2]. Ou seja, o planeta não seria uma esfera perfeita, mas "achatada" (Fitz, 2008).

Surgiu, então, a ideia da forma da Terra como um elipsoide (figura matemática formada a partir da rotação de uma elipse em torno de um de seus eixos). A dimensão do diâmetro equatorial é de 12.756 km, enquanto a do eixo de rotação é de 12.714 km.

Essa pequena disparidade (42 km) entre as medidas representa um "achatamento" de cerca de 1/300, indicando que, vista do espaço, a Terra se mostra como uma esfera quase perfeita.

Recentemente, é utilizado o termo geoide para designar a forma terrestre, pois se acredita que a forma dessa figura é a que mais se aproxima da verdadeira forma do nosso planeta. De forma simplificada, baseando-se no conceito introduzido pelo matemático alemão Carl Friedrich Gauss (1777-1855), o geoide corresponde à "superfície coincidente com o nível médio e inalterado dos mares [ausência de correntezas, ventos, variação de densidade da água] e gerada por um conjunto infinito de pontos, cuja medida do potencial do campo gravitacional da Terra é constante e com direção exatamente perpendicular a esta" (Fitz, 2008, p. 16).

De acordo com Câmara et al. (1996), esse formato de superfície se deve principalmente às forças gravitacional (atração) e centrífuga (rotação) da Terra, além de variações nas densidades de suas rochas e componentes minerais. É fato que os diferentes materiais que compõem a superfície terrestre possuem diferentes densidades, fazendo com que a força gravitacional atue com maior ou menor intensidade em locais diferentes.

Nesse sentido, as águas dos oceanos procuram uma situação de equilíbrio, ajustando-se às forças que atuam sobre elas, inclusive no seu suposto prolongamento. A interação (compensação gravitacional) de forças buscando o equilíbrio faz com que o geoide tenha o mesmo potencial gravimétrico em todos os pontos de sua superfície.

Contudo, como esse modelo é bastante complexo, tornou-se necessário buscar uma forma mais simples de representação da Terra. Para resolver essa questão, lançou-se mão da figura geométrica do elipsoide que, ao girar em torno de seu eixo menor, forma um volume, o elipsoide de revolução (elipsoide de referência). Trata-se da forma matemática que mais se aproxima da ideia

---

[2] O campo gravitacional terrestre varia de ponto a ponto, pois depende da distribuição de sua massa. Algumas regiões apresentam-se mais densas que outras. Esse fato provoca uma deflexão no campo gravitacional no sentido das regiões de maiores concentrações de massa (Almeida, 2014).

do geoide, além de ser a superfície matemática utilizada para a realização de levantamentos geodésicos[3].

O elipsoide de revolução é determinado quando seus parâmetros são conhecidos. Esses parâmetros são os seguintes: a = semieixo maior; b = semieixo menor; e α = achatamento (a – b)/a.

Conforme Almeida (2014):

> As diferenças existentes entre o Geoide e o Elipsoide têm peculiaridades em cada porção da Terra. Desta maneira, existem diferentes elipsoides, que são posicionados para atender as necessidades de cada região, recebendo o nome de Elipsoides Locais. O centro geométrico do elipsoide local (CGE) não coincide com o centro de massa da Terra (CMT). Já o Elipsoide Global, utilizado no posicionamento por satélites, tem seu centro geométrico coincidente com o CMT.

A Figura 1.1 mostra as diversas formas de representação do planeta. Para que fosse possível estabelecer uma relação entre um ponto determinado no terreno e o elipsoide de referência, foram determinados sistemas específicos: os **sistemas geodésicos de referência**.

Figura 1.1 – Modelos da forma terrestre

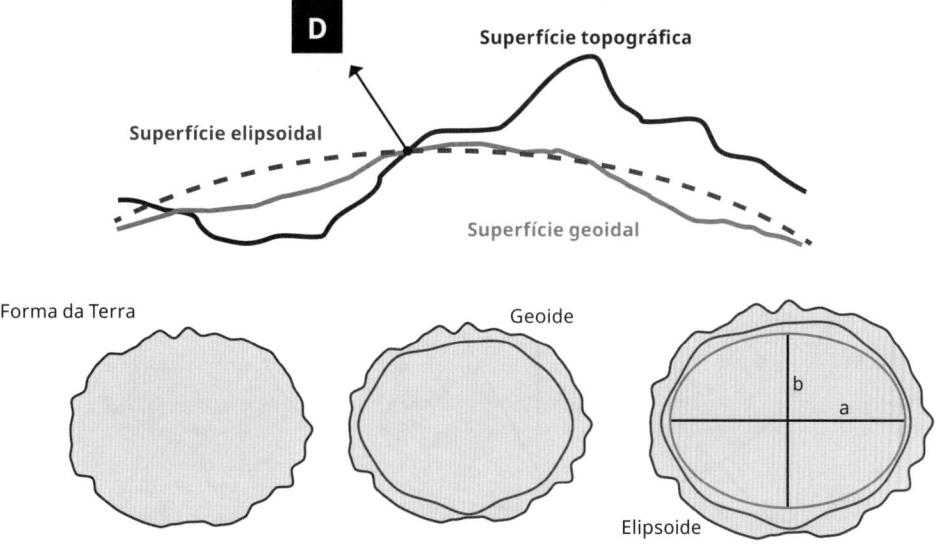

Fonte: Adaptado de Dana, 1999.

---

3 De acordo com o IBGE (1998), "Geodésia é a ciência que se ocupa da determinação da forma, das dimensões e do campo de gravidade da Terra".

Muitos foram os experimentos realizados para calcular as dimensões do elipsoide de revolução que mais se aproxima da forma real da Terra, e muitos foram os resultados obtidos para o raio do equador, o raio polar e o coeficiente de achatamento. Assim, cada localidade deve adotar como referência o elipsoide mais indicado para os trabalhos geodésicos e topográficos, ou seja, aquele que mais se aproxime do geoide na região considerada. No Brasil, adotou-se o elipsoide de Hayford, cujas dimensões foram consideradas as mais convenientes para a América do Sul (IBGE, 1998).

Atualmente, o elipsoide da União Astronômica Internacional, homologado em 1967 pela Associação Internacional de Geodésia, e que passou a se chamar *elipsoide de referência*, é utilizado com mais frequência (Friedmann, 2003).

1.1.1 Sistema Geodésico Brasileiro

O Sistema Geodésico Brasileiro (SGB) compreende os resultados obtidos a partir da adoção do elipsoide de referência para o Brasil (conforme você pode observar na Figura 1.2). De acordo com o IBGE (1998), "é um sistema coordenado, utilizado para representar características terrestres, sejam elas geométricas ou físicas. Na prática, serve para a obtenção de coordenadas (latitude e longitude), que possibilitam a representação e a localização em mapa de qualquer elemento da superfície do planeta".

Figura 1.2 – Elementos do elipsoide

a = Semieixo maior
b = Semieixo menor
$f = \dfrac{a-b}{a}$ = achatamento
$e = \dfrac{\sqrt{a^2 - b^2}}{a}$
Equação do elipsoide: $\dfrac{x^2 + y^2}{a^2} + \dfrac{z^2}{b^2} = 1$

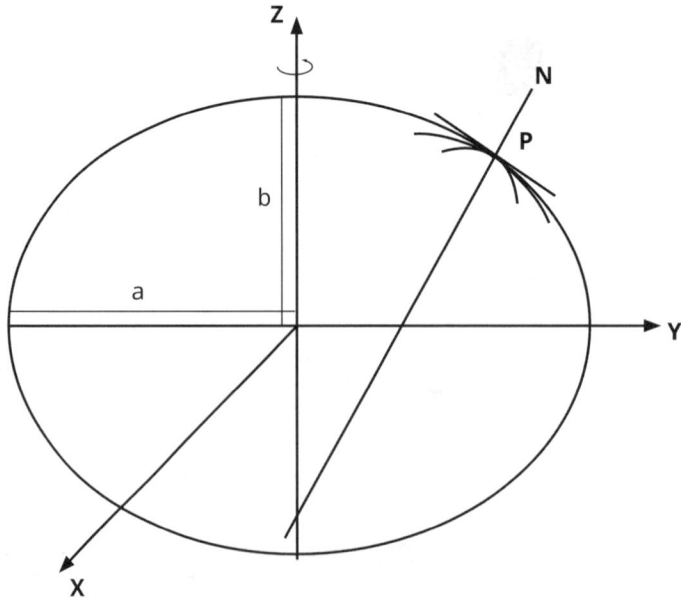

Fonte: Adaptado de CREA-SP, 2003, p. 4.

O SGB é constituído por cerca de 70 mil estações implantadas pelo Instituto Brasileiro de Geografia e Estatística (IBGE) em todo o território brasileiro, divididas em três redes: altimetria, gravimetria e planimetria.

O referencial de altimetria diz respeito ao geoide e representa a superfície equipotencial do campo gravimétrico da Terra. Coincide com o marco "zero" do marégrafo[4] de Imbituba (SC).

O referencial de gravimetria está relacionado a milhares de estações distribuídas pelo território nacional. Essas estações recolhem dados sobre a aceleração da gravidade (Friedmann, 2003).

A definição de superfície, origem e orientação do sistema de coordenadas utilizado no Brasil para os diversos mapeamentos e georreferenciamento é dada a partir do estabelecimento do referencial de planimetria.

No ponto onde a superfície do elipsoide de referência toca a Terra constitui-se o que se denomina *datum*, caracterizado com base nas superfícies de referência (*datum* horizontal ou planimétrico) e de nível (*datum* vertical ou altimétrico). Para a definição do *datum*, deve ser escolhido um ponto mais ou menos central em relação à área de abrangência.

O *datum* planimétrico ou horizontal é formalmente estabelecido por cinco parâmetros: dois para definir o elipsoide de referência e três para definir o vetor de translação entre o centro da Terra real e o do elipsoide (Câmara; Davis; Monteiro, 2001).

O *datum* horizontal, que contém a forma e o tamanho do elipsoide, além de determinar a posição deste em relação ao geoide, pode ser do tipo:

- Topocêntrico – Vértice na superfície terrestre que serve para a amarração do elipsoide.
- Geocêntrico – Amarrado ao centro da terra.

Já o *datum* vertical é a superfície de referência para as altitudes, que podem ser do tipo ortométrica ou geométrica. A altitude ortométrica corresponde às altitudes referenciadas ao geoide (nível médio do mar); já a altitude geométrica equivale àquelas referenciadas ao elipsoide (calculadas geometricamente).

O *datum* horizontal ainda possui os parâmetros de conversão para o Datum Internacional WGS-84 (*World Geodetic System of 1984*), um sistema geodésico mundialmente adotado com característica tridimensional de coordenadas simples. Trata-se, ainda, de um sistema de referência terrestre convencional, o que quer dizer que, por meio desse recurso, o efeito do movimento dos polos em coordenadas determinadas é eliminado (IBGE, 1998).

No Brasil, para a origem das altitudes (*datum* vertical) foram adotadas as localidades de Porto de Santana (AP), correspondente ao nível médio determinado por um marégrafo instalado na região para referenciar a rede altimétrica do Estado do Amapá (que ainda não está conectada ao restante do país), e Imbituba (SC), que também tem uma estação maregráfica utilizada como origem para toda rede altimétrica nacional, à exceção do estado do Amapá (Friedmann, 2003).

Os mapas brasileiros mais antigos adotam o *datum* de Córrego Alegre (MG), que usava o elipsoide de Hayford, e, posteriormente, o *datum* SAD 69 (*South American Datum* de

---

[4] Instrumento que registra automaticamente o fluxo e o refluxo das marés em determinado ponto da costa (Câmara; Davis; Monteiro, 2001).

1969), que usa o elipsoide de referência de 1967. No entanto, há mapas feitos em ambos os *datuns* e até mesmo com *datuns* locais. Em outras palavras, há mapas que utilizam modelos matemáticos da representação da superfície da Terra ao nível do mar, com base em informações específicas de cada país. Mais recentemente, adotou-se o *datum* Sirgas 2000 (Sistema de Referência Geocêntrico para as Américas 2000) (Friedmann, 2003).

O Sirgas 2000, desenvolvido para ser o único sistema geodésico de referência legalizado no país, é a nova base para o SGB e para o Sistema Cartográfico Nacional (SCN). Espera-se que a transição das informações para o *datum* Sirgas 2000 seja completada até o ano 2014. Essa medida uniformizará os dados, facilitando as atualizações e o intercâmbio de informações entre instituições e países que utilizam o mesmo sistema de referência.

Na sequência, serão detalhadas algumas características do SAD-69 e do Sirgas 2000, os sistemas geodésicos[5] mais utilizados no Brasil.

---

5 De acordo com o IBGE (1998), os sistemas geodésicos, também denominados *datum geodésicos*, são estabelecidos a partir da forma e do tamanho de um elipsoide, bem como da posição desse elipsoide em relação ao geoide.

1.1.1.1 SAD-69

O SAD-69 faz parte do sistema geodésico sul-americano de 1969 e apresenta dois parâmetros principais: 1) a figura geométrica representativa da Terra – o elipsoide de referência e sua orientação; 2) a localização espacial do ponto de origem, base do sistema. Verifique as características do SAD-69 no Quadro 1.1.

Quadro 1.1 – Características do sistema SAD-69

Figura da Terra	Elipsoide Internacional de 1967 a (semieixo maior) = 6.378.160,00 m b (semieixo menor) = 6.356.774,72 m α (achatamento) = $\frac{(a - b)}{a}$
Orientação	**Geocêntrica**: Dada pelo eixo de rotação paralelo ao eixo de rotação da Terra e com o plano meridiano de origem paralelo ao plano do meridiano de Greenwich.
	Topocêntrica: Estabelecida no vértice de Chuá (MG), a partir da cadeia de triangulação do paralelo 20°S, com as seguintes coordenadas: Φ (latitude) = 19° 45° 41,6527" S λ (longitude = 48° 06' 04,0639" W N (altitude) = 0,0 m

Fonte: Adaptado de IBGE, 1998.

1.1.1.2 Sirgas 2000

O Sirgas 2000 foi concebido em função das necessidades de adoção de um sistema de referência que fosse compatível com as técnicas de posicionamento global, dadas por sistemas dessa natureza, como o *Global Positioning System* (GPS). De acordo com Fitz (2008, p. 18), o Sirgas 2000 leva em consideração os seguintes parâmetros:

- *International Terrestrial Reference System* (ITRS) – Sistema Internacional de Referência Terrestre.
- *Geodetic Reference System 1980* (GRS-80) – Sistema Geodésico de Referência de 1980.

O GRS-80 apresenta as seguintes medidas:

> Raio equatorial da Terra: a = 6.378.137 m
> Semieixo menor (raio polar): b = 6.356.752,3141 m
> α (achatamento) = 1/298,257222101

1.2 Projeções cartográficas

Projeções cartográficas são métodos que permitem a correspondência entre cada ponto da superfície da Terra e uma superfície de representação, tal como as cartas ou os mapas. A questão fundamental das projeções cartográficas é a representação de uma superfície curva em um plano.

Em termos práticos, o problema consiste em representar a Terra (esférica ou 3D) em um plano (2D). Como vimos, a forma de nosso planeta é representada, para fins de mapeamento, por um elipsoide (ou por uma esfera, conforme a aplicação desejada), que é considerado a superfície de referência em que estão relacionados todos os elementos que desejamos representar (elementos obtidos por meio de determinados tipos de levantamentos).

Podemos dizer que todas as representações de superfícies curvas em um plano envolvem "extensões" ou "contrações" que resultam em distorções ou "rasgos". Diferentes técnicas de representação são aplicadas no sentido de se alcançar resultados que apresentem certas propriedades favoráveis para um propósito específico.

A construção de um sistema de projeção depende das propriedades da carta para que satisfaçam às finalidades impostas pela utilização desta. O ideal seria construir uma carta que reunisse todas as propriedades de representação, reproduzindo uma superfície rigorosamente semelhante à superfície da Terra. Desse modo, de acordo com Fitz (2008), uma carta completa deveria apresentar as seguintes propriedades:

- Conformidade – Manutenção da verdadeira forma das áreas a serem representadas.
- Equivalência – Inalterabilidade das áreas.
- Equidistância – Constância das relações entre as distâncias dos pontos representados e as distâncias de seus correspondentes.

Como essas condições não ocorrem concomitantemente, torna-se impossível a construção da carta ideal. A solução é construir uma carta que, sem contar com todas as condições ideais, apresente aquelas que satisfaçam a determinado objetivo. Assim, é necessário, ao se fixar o sistema de projeção escolhido, considerar a finalidade da carta que se quer construir. Conforme o IBGE (1998), as projeções cartográficas podem ser classificadas do seguinte modo:

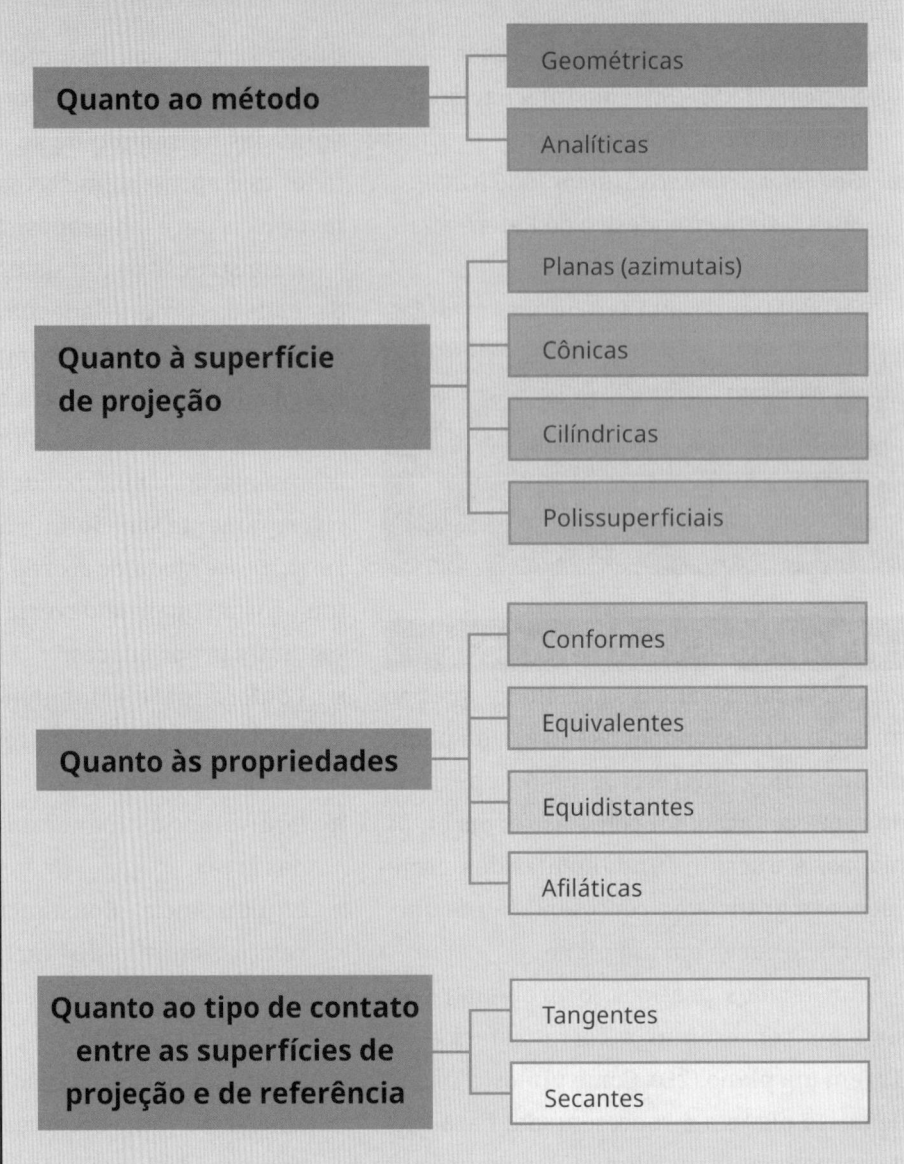

Na sequência, são indicadas as características de cada classificação, conforme o IBGE (1998).

Quanto ao método:

- Geométricas – Baseiam-se em princípios geométricos projetivos, os quais podem ser obtidos pela interseção, sobre a superfície de projeção, do feixe de retas que passa por pontos da superfície de referência partindo de um ponto de vista.
- Analíticas – Baseiam-se em uma formulação matemática obtida com o objetivo de atender certas condições previamente estabelecidas (é o caso da maioria das projeções existentes).

Quanto à superfície de projeção (indicadas na Figura 1.3):

- **Planas (azimutais)** – Este tipo de superfície pode assumir três posições básicas em relação à superfície de referência: polar, equatorial e oblíqua (ou horizontal).
- **Cônicas** – Embora a superfície cônica não seja plana, uma vez que a superfície de projeção é o cone, ela pode ser desenvolvida em um plano sem que haja distorções, funcionando como superfície auxiliar na obtenção de uma representação. A sua posição em relação à superfície de referência pode ser: normal, transversal e oblíqua (ou horizontal).
- **Cilíndricas** – Esta superfície de projeção utiliza o cilindro, mas também pode ser desenvolvida em um plano. Suas possíveis posições em relação à superfície de referência são: equatorial, transversal e oblíqua (ou horizontal).
- **Polissuperficiais (ou poliédricas)** – Caracterizam-se pelo emprego de mais de uma superfície de projeção (do mesmo tipo) para que o contato com a superfície de referência aumente e, assim, as deformações diminuam (exemplos: plano-poliédrica, cone-policônica e cilindro-policilíndrica).

Quanto às propriedades apresentadas:

- **Conformes ou semelhantes** – Todos os ângulos em torno de quaisquer pontos são representados sem deformações, não deformando pequenas regiões.
- **Equivalentes** – Não se alteram as áreas, conservando uma relação constante com as suas correspondentes na superfície. Seja qual for a porção representada em um mapa, ela conserva a mesma relação com a área de todo o mapa.
- **Equidistantes** – Não apresentam deformações lineares para algumas linhas (os comprimentos são representados em escala uniforme).
- **Afiláticas ou arbitrárias** – Não apresentam nenhuma das propriedades dos outros tipos (equivalência, conformidade e equidistância), ou seja, trata-se de projeções em que as áreas, os ângulos e os comprimentos não são conservados.

Quanto ao tipo de contato entre as superfícies de projeção e de referência:

- **Tangentes** – A superfície de projeção é tangente à de referência.
- **Secantes** – A superfície de projeção secciona a superfície de referência (plano – uma linha; cone – duas linhas desiguais; cilindro – duas linhas iguais).

Figura 1.3 – Classificação das projeções quanto à superfície de projeção

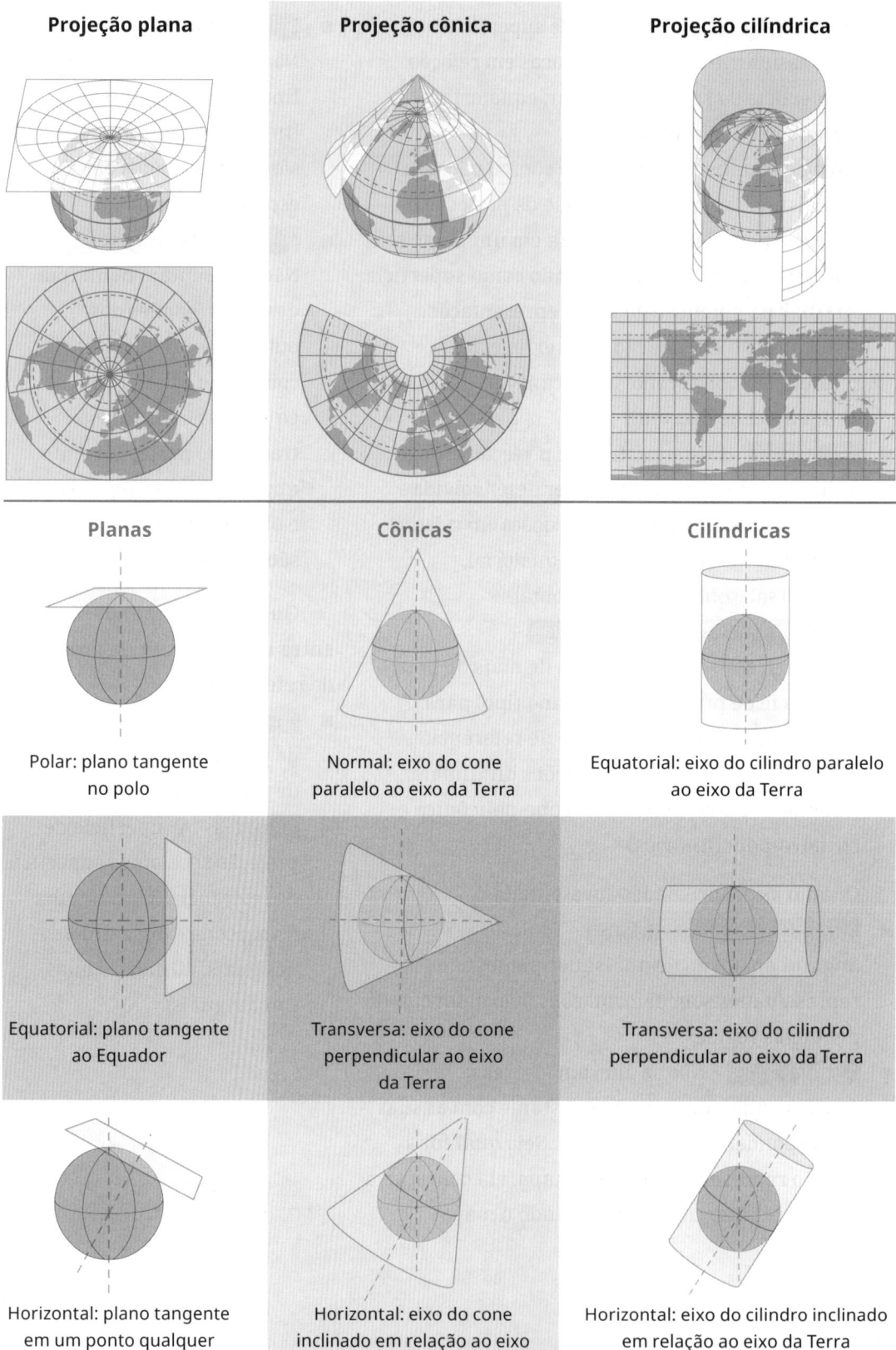

Fonte: IBGE (www.ibge.gov.br)

O Quadro 1.2 apresenta uma síntese das principais projeções existentes com suas respectivas características. Lembramos que a projeção UTM será mais bem detalhada em momento posterior.

Quadro 1.2 – Projeções cartográficas e suas características

Projeção	Classificação	Aplicações	Características da projeção
Albers	Cônica equivalente	Cartas gerais e geográficas	Preserva áreas Garante a precisão da escala Substitui com vantagens todas as outras cônicas equivalentes
Bipolar	Cônica conforme	Base cartográfica confiável do Continente Americano	Preserva ângulos É uma adaptação da projeção cônica de Lambert
Cilíndrica equidistante	Cilíndrica equidistante	Mapas-Múndi Mapas em escala pequena Trabalhos computacionais	Altera áreas Altera ângulos
Gauss	Cilíndrica conforme	Cartas topográficas Mapeamento básico em escalas média e grande	Altera áreas, porém as distorções não ultrapassam 0,5% Preserva ângulos É similar à UTM, com defasagem de 3° de longitude entre os meridianos centrais
Estereográfica polar	Plana conforme	Mapeamento das regiões polares Mapeamento da Lua, de Marte e de Mercúrio	Preserva ângulos Preserva forma de áreas pequenas Oferece distorção de escala
Lambert	Cônica conforme	Cartas gerais e geográficas Cartas militares Cartas aeronáuticas do mundo	Preserva ângulos Mantém a forma de áreas pequenas (não há deformações significativas) Oferece grande precisão de escala
Lambert Milion	Cilíndrica conforme	Atlas Carta ao Milionésimo	Preserva ângulos Mantém a forma de áreas pequenas (não há deformações significativas) Oferece grande precisão de escala
Mercator	Cilíndrica conforme	Cartas náuticas Cartas geológicas/magnéticas Mapas-Múndi	Preserva ângulos Mantém a forma de áreas pequenas
Miller	Cilíndrica equidistante	Mapas-Múndi Mapas em escala pequena	Altera áreas Altera ângulos
Policônica	Cônica equidistante	Mapeamento temático em escalas pequenas	Preserva distâncias Altera áreas Altera ângulos Substituída por UTM
UTM	Cilíndrica conforme	Mapeamento básico em escalas médias e grandes	Preserva ângulos Altera áreas (as distorções não ultrapassam 0,5%)

Fonte: Câmara et al., 1996, p. 13.

É importante destacar que, para que os planos de informação sejam corretamente sobrepostos em um Sistema de Informações Geográficas (SIG), é necessário que eles apresentem a mesma projeção. Caso contrário, deve ser feita a conversão para uma projeção comum, utilizando o próprio SIG ou um outro programa que contenha a rotina de conversão entre sistemas de projeção.

1.3 Sistemas de coordenadas

Os sistemas de coordenadas são necessários para expressar a posição de pontos sobre uma superfície, seja um elipsoide, seja uma esfera, seja um plano. Baseando-se em um sistema de coordenadas, é possível que a superfície do planeta seja descrita geometricamente. Assim, para o elipsoide, normalmente é empregado o sistema de coordenadas cartesiano curvilíneo, representado por paralelos e meridianos; já para o plano é estabelecido um sistema de coordenadas cartesianas X e Y.

Devemos salientar que, para que a posição de um ponto possa ser corretamente estabelecida, deve-se determinar, ainda, uma terceira coordenada, a altitude. Há dois tipos de altitude: tipo (h), cuja distância é contada a partir do geoide (a superfície de referência para contagem das altitudes) e tipo (H), também chamado de *altitude geométrica*, em que a distância é contada a partir da superfície do elipsoide (IBGE, 1998).

A forma mais comum para a representação de coordenadas em um mapa se dá com base na aplicação de um sistema sexagesimal – sistema de coordenadas geográficas. Os valores dos pontos sobre a superfície são expressos por coordenadas geográficas (latitude e longitude) contendo unidades de medida angular: (º) graus, (') minutos e (") segundos. Nesse tipo de sistema, cada ponto da superfície terrestre é localizado na interseção de um meridiano com um paralelo.

De acordo com Prestes (2006), longitude é o ângulo, medido sobre o equador, entre o meridiano de Greenwich e o meridiano do ponto que se quer determinar. É considerada positiva quando medida

Meridiano – trata-se de cada um dos círculos máximos que cortam a Terra em duas partes iguais; passando pelos polos Norte e Sul, cruzam-se entre si, semelhante aos gomos de uma laranja. O meridiano de origem (inicial ou fundamental) é o de Greenwich (0° de longitude). A leste de Greenwich, os meridianos são medidos por valores crescentes até +180°. A oeste, suas medidas são decrescentes até o limite mínimo de –180°.

Paralelos – representam cada um dos cortes horizontais na "laranja", ou seja, cada círculo que corta a Terra perpendicularmente em relação aos meridianos. O Equador é o círculo máximo (0° de latitude), dividindo a Terra em dois hemisférios (Norte e Sul). Partindo do Equador em direção aos polos têm-se vários planos paralelos, cujos tamanhos vão diminuindo até se tornarem um ponto nos polos Norte (+90°) e Sul (–90°).

Fonte: IBGE, 1998.

no sentido horário ao ser vista do polo norte, o que significa que ela é positiva a oeste de Greenwich e negativa a leste de Greenwich. Podemos considerar a longitude de 0° a 180° E (Leste; alguns autores substituem o E por L) ou de 0° a 180° W (Oeste, alguns autores substituem o W por O).

Já a latitude é o ângulo medido sob um meridiano, entre o equador e o paralelo que passa por um ponto que queremos determinar. Por convenção, adota-se que a latitude é positiva quando o ponto pertence ao hemisfério norte (ou boreal, ou setentrional) e negativa quando o ponto pertence ao hemisfério sul (ou austral, ou meridional).

A Figura 1.4 mostra um diagrama esquemático da representação da latitude e da longitude.

O sistema de coordenadas planas (ou sistema de coordenadas cartesianas) baseia-se na escolha de dois eixos perpendiculares (usualmente, os eixos horizontal e vertical), cuja intersecção é denominada *origem*, estabelecida para a localização de qualquer ponto do plano. Normalmente, a origem apresenta coordenadas planas (0,0), mas pode, por convenção, receber valores diferentes, denominados *offsets* (*offset* X, *offset* Y).

Em um SIG, as coordenadas planas normalmente representam uma projeção cartográfica, que são relacionadas matematicamente às coordenadas geográficas, além de apresentarem a possibilidade de conversão de uma coordenada em outra.

Figura 1.4 – Diagrama da Terra indicando latitude e longitude

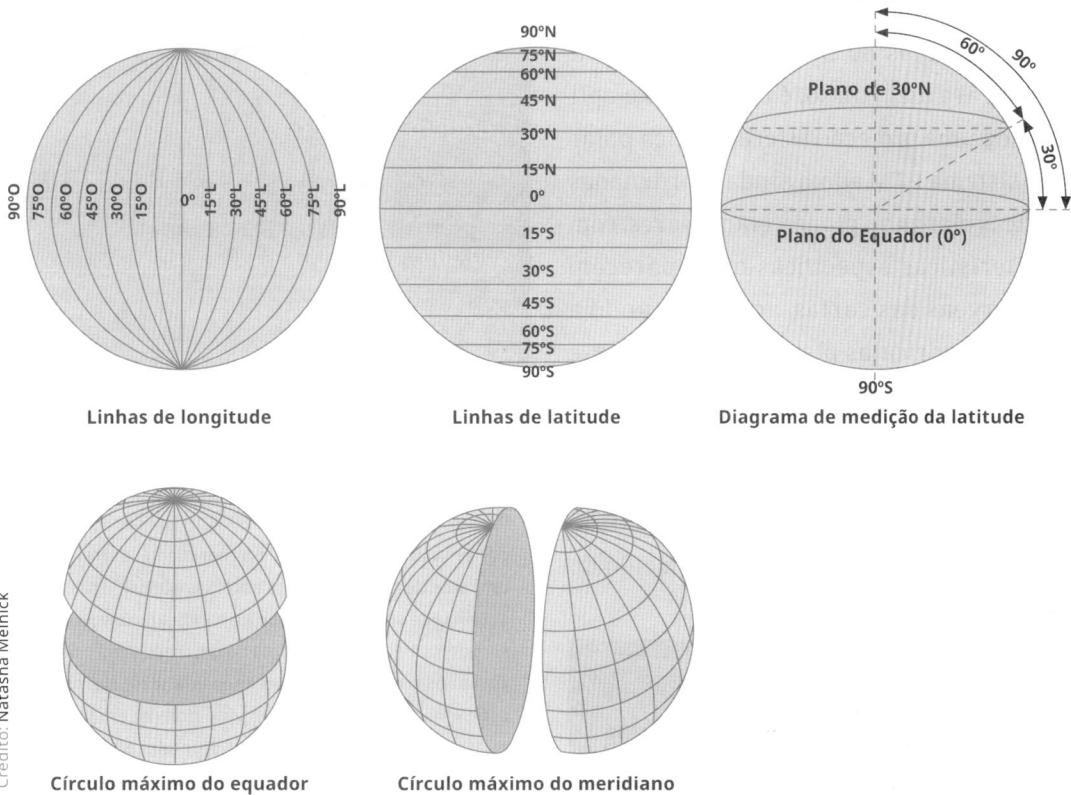

Crédito: Natasha Melnick

1.3.1 Sistema Universal Transversal de Mercator

Amplamente utilizado até os dias atuais, o sistema Universal Transversal de Mercator (UTM) é um sistema de projeção desenvolvido por meio do trabalho do belga Gerhard Kremer, em 1569. Kremer propôs um sistema de projeção que possibilitou um enorme avanço na cartografia, uma vez que possibilitou o trabalho com paralelos retos e meridianos retos equidistantes.

De acordo com Fitz (2008), o sistema UTM adota uma projeção cilíndrica, transversal e secante ao globo terrestre. Ele apresenta 60 fusos (área delimitada entre dois meridianos consecutivos), cada um com 6° de amplitude, contados a partir do antimeridiano de Greenwich, no sentido Leste-Oeste. Esses fusos percorrem a circunferência do globo até voltarem ao ponto de origem. Além dessas características, o sistema UTM apresenta os limites 80°S e 84°N para mapeamento. Para além disso, é necessário a aplicação de uma projeção estereográfica polar.

O sistema UTM adota ainda coordenadas métricas planas ou plano-retangulares, com características específicas que aparecem nas margens das cartas, acompanhando a rede de quadrículas planas. A origem desse sistema de coordenadas é o cruzamento da linha do equador com um meridiano padrão específico (Meridiano Central – MC). Os valores das coordenadas seguem um padrão matemático de numeração, estabelecido do seguinte modo:

> Sobre a linha do equador – 10.000.000 m
> Sobre o MC – 500.000 m

As coordenadas lidas com base no eixo N (sentido Norte-Sul), a partir da linha do equador, vão se reduzindo no sentido Sul. Já as coordenadas do eixo E (Leste; *east*, em inglês), contadas a partir do MC, possuem valores crescentes no sentido Leste e decrescentes no sentido Oeste.

O mapeamento sistemático do Brasil – cartas topográficas – é feito na projeção UTM (nas seguintes escalas cartográficas: 1:250.000, 1:100.00, 1:50.000, 1:25.000). O Quadro 1.3 sintetiza as características do sistema UTM.

Quadro 1.3 – Características do sistema UTM

A superfície de projeção é um cilindro transverso e a projeção é conforme.
Como a Terra é dividida em 60 fusos de 6° de longitude, o cilindro transverso adotado assume 60 posições diferentes, já que seu eixo mantém-se sempre perpendicular ao meridiano central de cada fuso.
A origem corresponde à interseção do meridiano de origem com o equador e, por convenção, tem coordenadas *offset* (500.000; 1.000.000)
Ao meridiano central de cada fuso, é aplicado um fator de redução de escala (ou fator de deformação de escala[6]) igual

(continua)

---

[6] De acordo com Fitz (2008, p. 69-70): "Por ser constituído por uma projeção secante, no meridiano central tem-se um fator de deformação de escala k = 0,9996 em relação às linhas de secância, em que k = 1 indica os únicos pontos sem deformação linear. Como há um crescimento progressivo após a passagem pelas linhas de secância, grandes problemas de ajustes podem vir a ocorrer em trabalhos que utilizem cartas adjacentes ou fronteiriças, ou seja, cartas consecutivas com MC diferentes. Assim, uma estrada situada em um determinado local numa carta pode aparecer deslocada na folha adjacente".

(Quadro 1.3 – conclusão)

a 0,9996, para que as variações de escala dentro do fuso sejam minimizadas.

Duas linhas aproximadamente retas, uma a leste e outra a oeste, distantes cerca de 1°37' do meridiano central, são representadas em verdadeira grandeza.

Fonte: Adaptado de Inpe, 2014.

Devemos ressaltar as seguintes características: no SIG, são chamadas de *geográficas* as projeções que utilizam como referência o sistema de coordenadas geográficas; a superfície de referência é a esfera e a origem do sistema é o cruzamento entre a linha do equador e o meridiano de Greenwich; as coordenadas do hemisfério norte e do hemisfério oriental têm valores positivos, enquanto as coordenadas do hemisfério sul e do hemisfério ocidental possuem valores negativos.

1.4 Extração de coordenadas de carta ou mapa

Para obtermos as coordenadas – geográficas ou UTM – de qualquer ponto num mapa, basta termos em mãos uma régua comum e realizarmos uma simples regra de três. A Figura 1.5 (meramente ilustrativa e que não dispõe de uma escala real) demonstra como extrair, inicialmente, as coordenadas geográficas de um ponto qualquer.

Figura 1.5 – Determinação das coordenadas do ponto x

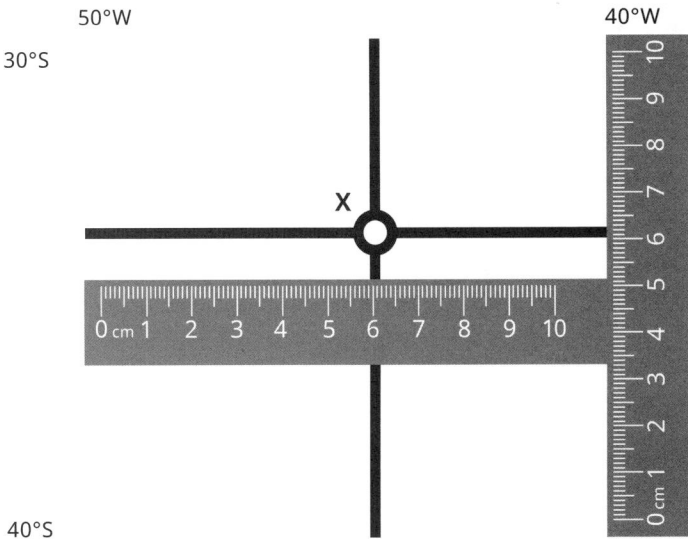

O primeiro passo para se obter as coordenadas geográficas (ou UTM) é verificarmos a quadrícula em que o ponto está inserido. No nosso exemplo, a quadrícula do ponto "x" apresenta distância angular entre Norte-Sul e Leste-Oeste de 10°. Com a régua, medimos a distância, em centímetros, entre o início do meridiano de referência da quadrícula em questão (tanto na posição horizontal quanto na vertical) e o ponto (no caso, 4 cm e 5 cm, respectivamente). Aplicando-se a regra de três simples, temos o seguinte:

$$10 \text{ cm} \rightarrow 10° \text{ W}$$
$$4 \text{ cm} \rightarrow x_1$$
$$X_{long.} = 4°$$

Assim, entre os meridianos representados pelas coordenadas 40°W e 50°W, 10° de amplitude equivalem a 10 cm, ou 4° de amplitude entre o meridiano de referência e o ponto x. O valor da coordenada de longitude será 46°W (resultado de 50° – 4°).

Seguindo o mesmo raciocínio, temos o ponto x_2, assim estabelecido:

$$10 \text{ cm} \rightarrow 10° \text{ W}$$
$$5 \text{ cm} \rightarrow x_1$$
$$X_{lat.} = 5°$$

O valor equivalente à latitude do ponto x será, então, de 35°S (resultado de 40° – 5°). Lembre-se de que, se o resultado fosse "quebrado", ou seja, com valores decimais, deveriam ser realizados cálculos de conversão de graus para minutos e segundos até que fosse obtido um valor inteiro (1° = 60' e 1' = 60").

Para extrairmos as coordenadas UTM de um ponto, devemos proceder de forma similar. Realizando-se os mesmos procedimentos anteriores, calcularemos $E_{long.}$ para a longitude e $N_{lat.}$ para a latitude. Assim, teremos os seguintes resultados:

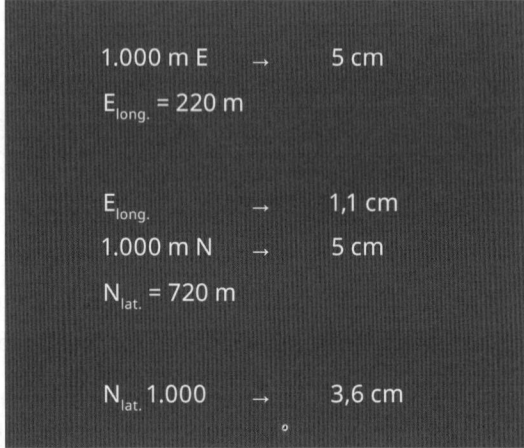

$$1.000 \text{ m E} \rightarrow 5 \text{ cm}$$
$$E_{long.} = 220 \text{ m}$$

$$E_{long.} \rightarrow 1,1 \text{ cm}$$
$$1.000 \text{ m N} \rightarrow 5 \text{ cm}$$
$$N_{lat.} = 720 \text{ m}$$

$$N_{lat.} 1.000 \rightarrow 3,6 \text{ cm}$$

Dessa forma, a longitude será de 739.220 m E (739.000 + 220 m) e a latitude será de 7.164.720 N (7.164.000 + 720 m). Nesse caso, somam-se os valores de latitude e longitude, pois estamos trabalhando no hemisfério norte, longitude leste.

1.5 Representações cartográficas

A representação cartográfica é a representação gráfica da superfície terrestre. Entre seus produtos mais conhecidos estão os mapas, mas há outras representações cartográficas importantes, as quais serão apresentadas na sequência (tais como cartas e croquis). Antes, porém, é importante que você conheça alguns conceitos relevantes ao entendimento das representações cartográficas.

1.5.1 Orientação geográfica

A orientação geográfica é um dos elementos mais importantes para se utilizar corretamente e de modo pleno as representações cartográficas, como um mapa, por exemplo. Ela diz respeito à localização a partir dos pontos cardeais: Leste (E ou L), Oeste (W ou O), Norte (N) e Sul (S). Desse modo, quaisquer representações cartográficas devem apresentar, pelo menos, a indicação da direção Norte, a fim de que seja possível visualizar a orientação geográfica do espaço representado.

A partir do estabelecimento das direções geográficas principais, é possível construir a rosa dos ventos (Figura 1.6), imagem que, além de indicar o Norte, contém as direções intermediárias, auxiliando ainda mais na orientação geográfica.

É importante salientar que as indicações de Norte (apontando para cima) e de Sul (apontando para baixo) são meras convenções, as quais podem ser alteradas pelo usuário a qualquer momento.

Figura 1.6 – Rosa dos ventos, com pontos cardeais, colaterais e subcolaterais

1.5.2 Direção Norte

Há, ainda, algumas possíveis indicações de Norte numa representação cartográfica (IBGE, 1998): Norte Geográfico (NG) ou verdadeiro, Norte Magnético (NM) e Norte de Quadrícula (NQ), conforme você pode observar na Figura 1.7.

Figura 1.7 – Esquema representativo do NG, NM e NQ

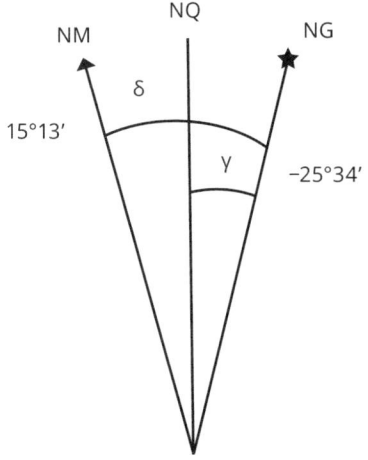

> Nota: A declinação magnética cresce 9' ao ano (1995). Para 2014, teríamos: 9' * 19 anos = 171' ou 2°51'. Isso quer dizer que a correção do ângulo para 2014 deve ser de 2°51', de acordo com o apontado pela bússola.

O NG ou verdadeiro é aquele indicado por qualquer meridiano geográfico, ou seja, aquele meridiano que indica a direção do eixo de rotação da Terra. O NG indica a direção do polo norte magnético, ou seja, a direção apontada pela agulha imantada de uma bússola. Já o NQ é apresentado em cartas topográficas, indicando o Norte das quadrículas representadas em uma carta.

O ângulo formado entre NM e NG, denominado *declinação magnética*, é representado pelo seguinte símbolo: δ. A declinação magnética é expressa em graus e varia conforme a posição em que se esteja no planeta, em função, entre outras razões, da posição relativa entre os polos geográfico e magnético. Toda carta deve apresentar, em suas margens, a variação anual desse ângulo, para que o usuário possa saber a real direção a seguir no caso de estar utilizando uma bússola.

Já o ângulo formado entre o NG e o NQ, denominado *convergência meridiana*, é representado pelo símbolo γ. Quando se trabalha no sistema UTM, verifica-se o crescimento desse ângulo à medida que a latitude e a distância do respectivo MC aumentam. Desse modo, no hemisfério sul, a convergência meridiana será negativa à Leste do MC e positiva a Oeste. De acordo com Fitz (2008, p. 38): "Cabe salientar, no entanto, que, como o sistema de quadrículas apresentado nas cartas topográficas é uma representação planimétrica com cada quadrícula apresentando medidas iguais, somente no meridiano central de cada fuso haverá coincidência entre o NG e NQ".

1.5.3 Rumos e azimutes

O azimute de um alinhamento é o ângulo medido, no sentido horário, entre a linha Norte-Sul e outra linha qualquer, variando de 0° a 360°. O rumo é o menor ângulo formado entre a linha Norte-Sul e outra linha, variando de 0° a 90°. Deve ser indicado o seu quadrante correspondente: NE (Nordeste), SE (Sudeste), SW (Sudoeste) e NW (Noroeste). Ou seja, é preciso indicar se o ângulo está no primeiro, segundo, terceiro ou quarto quadrantes, respectivamente. A Figura 1.8 mostra as relações, para cada quadrante, entre rumos e azimutes.

Figura 1.8 – Representação de rumos e azimutes para cada quadrante

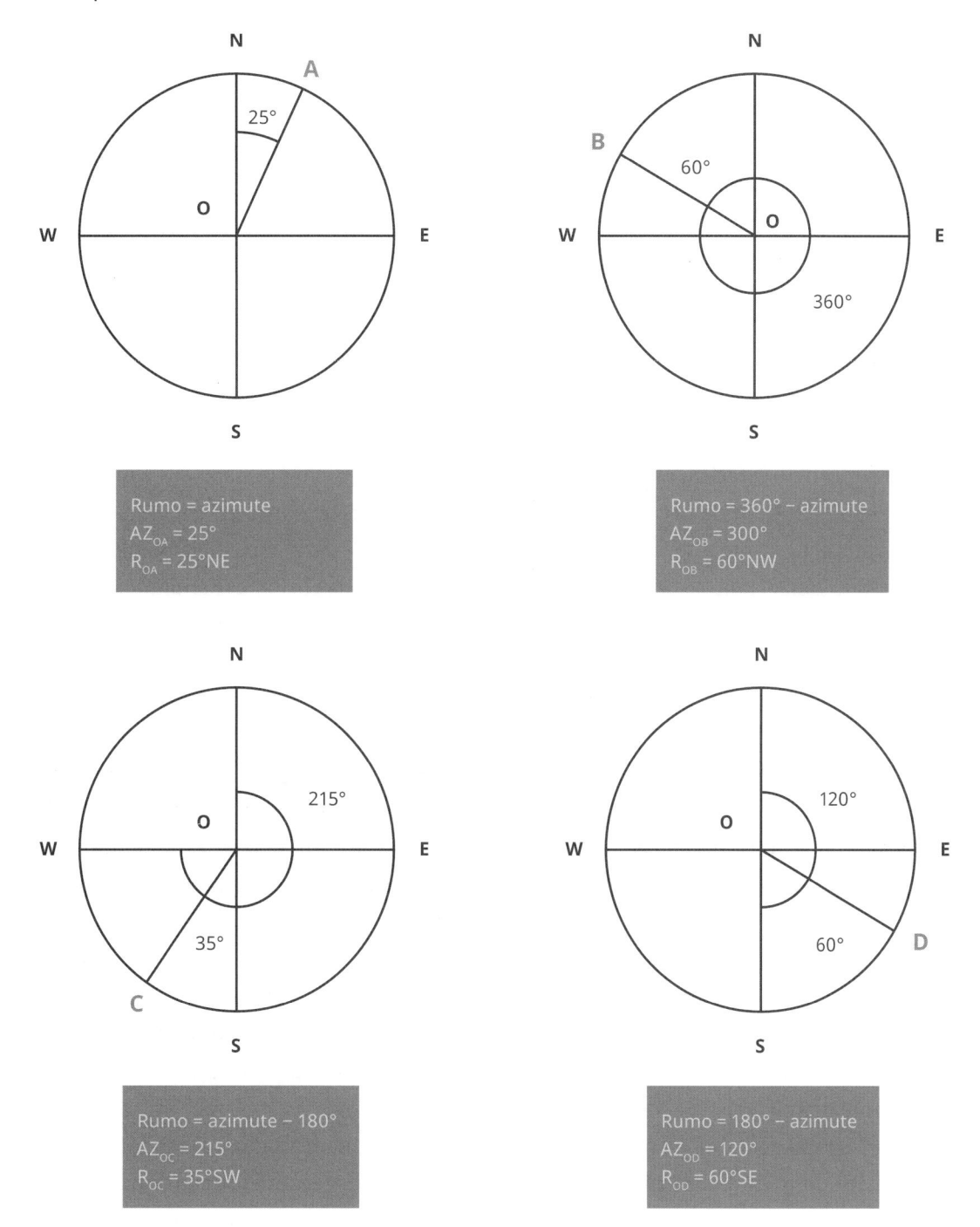

Rumo = azimute
$AZ_{OA} = 25°$
$R_{OA} = 25°NE$

Rumo = 360° − azimute
$AZ_{OB} = 300°$
$R_{OB} = 60°NW$

Rumo = azimute − 180°
$AZ_{OC} = 215°$
$R_{OC} = 35°SW$

Rumo = 180° − azimute
$AZ_{OD} = 120°$
$R_{OD} = 60°SE$

1.5.4 Tipos de representação cartográfica

As representações cartográficas podem ser divididas entre aquelas apresentadas sob a forma de traço (desenho) e aquelas apresentadas sob a forma de imagem. Entre os tipos representados por desenhos, temos: globos, mapas, cartas, plantas e croquis. Entre os tipos apresentados sob a forma de imagem, temos: mosaicos, fotocartas, ortofotocartas, ortofotomapas, cartaimagem, fotoíndice (IBGE, 1998). Seguem as representações por desenhos, de acordo com o IBGE (1998):

- Globo – Representação do planeta sobre uma superfície esférica, em escala pequena, com finalidade cultural e ilustrativa. Bastante interessante para ser usado com crianças, pelo caráter lúdico. Uma vez que pode ser entendido como uma redução do planeta num modelo esférico, facilita a compreensão de muitos fenômenos geográficos.
- Mapa – Trata-se da representação plana de uma porção do planeta Terra. Normalmente apresentado em escala pequena, o mapa pode representar elementos físico-naturais (bacias hidrográficas, planaltos, montanhas etc.) ou político-administrativos (limites municipais, estaduais ou entre países). O IBGE (1998, p. 19) traz a seguinte definição:

  Mapa é a representação no plano, normalmente em escala pequena, dos aspectos geográficos, naturais, culturais e artificiais de uma área tomada na superfície de uma Figura planetária, delimitada por elementos físicos, político-administrativos, destinada aos mais variados usos, temáticos, culturais e ilustrativos.

- Carta – Também é uma representação plana de uma região, mas apresentada em escalas média e grande. Tem um desdobramento em folhas articuladas de maneira sistemática, justamente porque sua representação se dá em escala média e grande, precisando de mais de uma folha para representar certa área. Conforme o IBGE (1998, p. 19):

  Carta é a representação no plano, em escala média ou grande, dos aspectos artificiais e naturais de uma área tomada de uma superfície planetária, subdividida em folhas delimitadas por linhas convencionais – paralelos e meridianos – com a finalidade de possibilitar a avaliação de pormenores, com grau de precisão compatível com a escala.

- Planta – Trata-se de um caso específico de carta, em que a representação se restringe a uma área bastante limitada. Assim, a representação se dá em escala grande e a quantidade de detalhes é bem maior. As plantas são utilizadas quando há exigência de grande detalhamento do terreno, como no caso de redes de esgoto, de água, elétricas, entre outras.
- Croqui – Representa um esboço de uma área, geralmente com base em observação visual, sem muitos critérios cartográficos. Trata-se da representação esquemática do terreno.

O croqui é desenhado em escala grande, pois representa uma pequena área, com muitos detalhes; entretanto, os traços não são precisos, uma vez que esse tipo de desenho é baseado em observações visuais.

Conforme o IBGE (1998), as representações por imagem são assim caracterizadas:

- **Mosaico** – Montagem de um conjunto de fotografias aéreas, dando a impressão de se tratar de apenas uma única fotografia. Pode ser classificado de acordo com as técnicas de montagem utilizadas:
  - **Controlado**: Quando se utilizam fotografias aéreas que foram submetidas a processos de correção. As fotos são montadas sobre uma prancha em que há diversos pontos de controle, ou seja, pontos que equivalem exatamente àqueles das fotografias aéreas. A precisão é grande e o mosaico representa a imagem no instante da tomada das fotos.
  - **Não controlado**: A montagem é visual, de acordo com as áreas de correspondência entre as fotografias aéreas. Não há nenhum tipo de controle do terreno e a precisão é muito pequena, mas satisfaz trabalhos em que se precise apenas de uma visualização geral de uma área específica, como um bairro, por exemplo.
  - **Semicontrolado**: A montagem obedece a um dos quesitos do mosaico controlado. Ou as fotografias são corrigidas sem o uso de pontos de controles, ou estes pontos existem, mas as fotografias não são corrigidas.
- **Fotocarta** – Trata-se de um mosaico controlado sobre o qual foi realizado um procedimento de correção cartográfica.
- **Ortofotocarta** – Trata-se de uma carta montada a partir de um conjunto de fotografias aéreas, as quais passaram por processo de correção de projeção – projeção ortogonal sobre um plano (ortofotos). Essa carta pode conter, inclusive, informações planimétricas (de elevação do terreno).
- **Ortofotomapa** – Conjunto de ortofotos para determinada região, compondo um tipo de mapa.
- **Fotoíndice** – Montagem das fotografias aéreas que foram tiradas para a composição de um índice das fotos existentes. Trata-se da primeira imagem cartográfica da região, apresentada em escala reduzida em relação à escala de voo para facilitar a visualização do conjunto.
- **Cartaimagem** – Trata-se da imagem que foi referenciada a partir de pontos identificáveis e com coordenadas conhecidas. É superposta pelo reticulado da projeção, podendo conter simbologia e toponímia (nome dos lugares). É utilizada para a complementação de informações de maneira ilustrativa.

1.6 Escalas

A escala é um dos elementos cartográficos mais importantes para o bom entendimento das informações representadas e para o uso eficiente das diversas representações cartográficas. Pode ser entendida como a proporção entre as distâncias reais (D) e as distâncias gráficas (d) representadas no desenho.

A relação d / D pode ser maior (d > D, em que a distância gráfica é maior que a distância real), menor (d < D, em que a distância gráfica é menor que a distância real) ou igual (d = D, em que a distância gráfica é igual à distância real) à unidade, permitindo a classificação das escalas quanto à sua natureza.

Quando a dimensão representada é igual à dimensão do objeto real, tem-se a escala natural; quando a dimensão do objeto representado é menor que o objeto real, tem-se uma escala de redução; quando a dimensão do objeto representado é maior que o objeto real, tem-se uma escala de ampliação.

Assim, estabelece-se que a escala (E) é a relação entre as medidas de distância (d) apresentadas na representação cartográfica e as distâncias reais (D) do terreno, conforme a expressão indicada a seguir.

$$E = \frac{d}{D}$$

De acordo com o exposto sobre escalas de redução e de ampliação, temos que E = 1/20000 trata-se de uma escala de redução (uma unidade linear equivale a 20.000 unidades lineares no terreno), enquanto E = 20/1 é uma escala de ampliação (20 unidades lineares na carta equivalem a uma unidade linear no terreno).

Quanto menor for o denominador, maior será a escala; quanto maior o denominador, menor será a escala. Áreas muito extensas requerem uma escala que reduza bastante as dimensões reais; assim, a representação cartográfica não terá muitos detalhes, sendo representada em escala pequena. Escalas grandes não reduzem tanto a área real a ser representada e, por esse motivo, é possível obter maior detalhamento de informações.

A escolha da escala dependerá, portanto, dos propósitos a que se destinam as representações cartográficas. Geralmente, quanto à forma de representação, as escalas são apresentadas sob as formas numérica, gráfica ou nominal.

1.6.1 Escala numérica

A escala numérica é representada por uma fração em que o numerador é sempre a unidade, referindo-se à distância medida no desenho, enquanto o denominador representa a distância correspondente no plano real, no terreno (Fitz, 2008). É a forma mais utilizada nas representações cartográficas, sendo assim apresentada: 1: 10.000 ou 1/10.000.

Lê-se, em ambas as representações, "um para dez mil", o que equivale a dizer que cada unidade de medida no mapa corresponde a dez mil unidades, no terreno. Por exemplo: poderíamos dizer que cada centímetro representado no desenho corresponde a dez mil centímetros do terreno (100 m no real). Desse modo, uma escala de 1:50.000 é maior do que uma escala de 1:500.000 – podemos afirmar que a primeira é uma escala grande, enquanto a segunda é uma escala pequena.

1.6.2 Escala gráfica

A escala gráfica é representada por uma barra ou régua graduada contendo subdivisões (talões). Cada subdivisão, ou talão, representa a relação de comprimento do desenho com o real e deve ser indicada sob a forma numérica (Fitz, 2008).

Preferencialmente, para facilitar os cálculos, utiliza-se um valor inteiro para o talão. *Softwares* de geoprocessamento constroem esse tipo de escala automaticamente, conforme a escala em que o desenho está representado, inclusive atualizando a representação da escala para cada atualização de escala realizada no desenho.

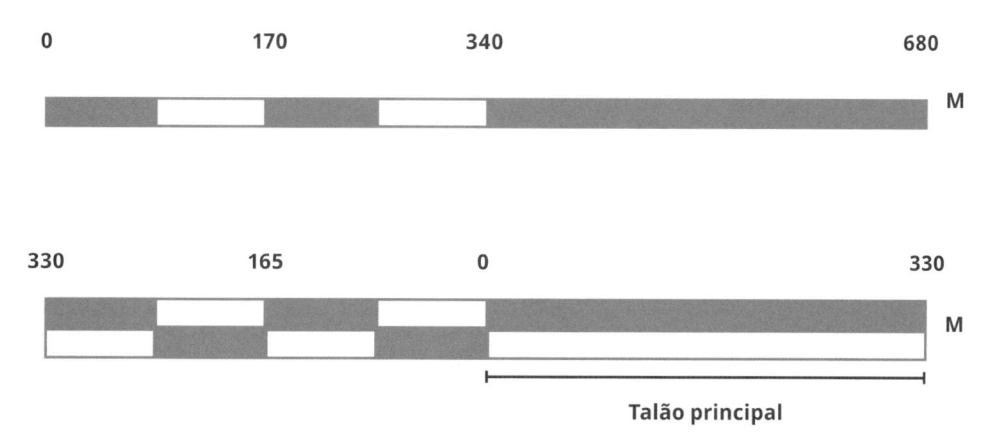

Figura 1.9 – Representação de escalas gráficas

```
0           170         340                         680
                                                         M


330        165          0                           330
                                                         M
                                |_____|
                                    Talão principal
```

A escala gráfica apresenta duas proporções: a principal (ou escala primária), desenhada do zero para a direita, e a fracionária, a qual apresenta uma gradação do zero para a esquerda (corresponde ao talão principal subdividido em dez partes).

Para a construção de uma escala gráfica, considere uma escala numérica de 1/50.000 e siga os passos a seguir:

1º passo

Calcule o comprimento total da escala gráfica a ser representada na escala considerada. Você deve considerar o comprimento da escala propriamente dita e do talão, o número de divisões mínimo e máximo, a unidade de cada divisão da escala e do talão, bem como o comprimento que a escala gráfica terá ao fim do traçado.

$$E = \frac{d}{D} \rightarrow \frac{1}{50.000} = \frac{d}{1.000}$$

$$d = \frac{1}{50} \rightarrow 0,02 \text{ m} \rightarrow 2 \text{ cm} \rightarrow 20 \text{ mm}$$

Desse modo, tomando-se 1 km como a unidade da escala, com a divisão do talão em 1.000 m, o comprimento de cada unidade será dada pela relação apresentada a seguir:

Ponderando-se o comprimento da unidade com o comprimento total da escala gráfica, para uma escala gráfica com três divisões e mais uma divisão para o talão, o comprimento total da escala será: 4 (3 da escala + 1 do talão) · 20 mm = 80 mm.

2º passo

Trace uma linha com o comprimento (80 mm) total na folha de papel, sem se preocupar em dividi-lo pelas unidades. Na sequência, trace uma linha auxiliar por uma das extremidades da reta, sem o compromisso de representar o comprimento correto. Divida essa linha auxiliar de acordo com a disposição da escala (neste caso, estabelecemos quatro partes).

Figura 1.10 – Representação do comprimento total da escala

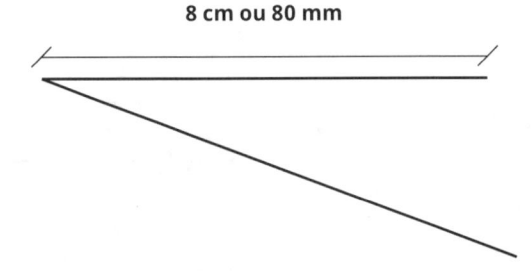

8 cm ou 80 mm

Nota: A figura é meramente ilustrativa; não possui escala real.

3º passo

Una a extremidade da última divisão marcada com a extremidade da reta da escala, traçando linhas paralelas a essa reta. A partir das marcações das demais divisões da reta auxiliar, é possível determinar as divisões corretas da escala. O talão é dividido de forma semelhante, de acordo com o número de divisões que o caracterizará. No exemplo em questão, serão desenhadas dez divisões, cada uma delas representando 1.000 m.

Figura 1.11 – Representação de talão em escalas gráficas

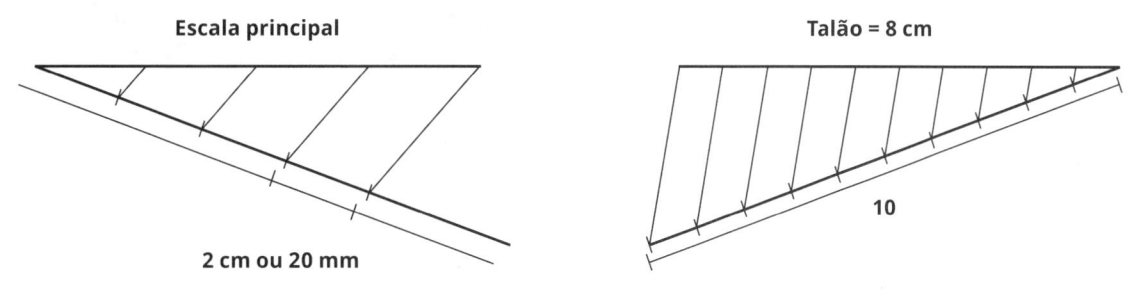

Escala principal

2 cm ou 20 mm

Talão = 8 cm

10

4º passo

Apague as linhas auxiliares a fim de evitar confusões. No exemplo da escala gráfica construída, cada unidade da barra possui 2 cm, o que equivale a uma distância no terreno de 1 km (1000 m).

Figura 1.12 – Representação da escala gráfica na escala de 1:50.000

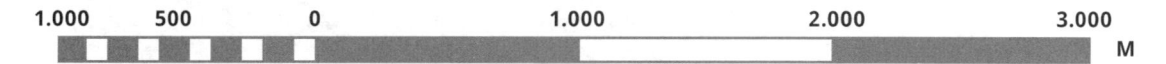

1.000　500　0　1.000　2.000　3.000
M

1.6.3 Escala nominal

Também denominada *escala equivalente*, a escala nominal é apresentada por extenso por uma igualdade entre o valor representado no mapa e a correspondência deste no plano real (Fitz, 2008). É assim apresentada: 1 cm = 10 km. Lê-se: "um centímetro equivale a dez quilômetros".

É importante destacar que o sistema métrico decimal permite a conversão facilitada entre as unidades, conforme demonstra a Tabela 1.1.

Tabela 1.1 – Conversão de medidas no sistema métrico decimal

km	hm	dam	m	dm	cm	mm
x 1.000	x 100	x 10	1	÷ 10	÷ 100	÷ 1.000

Quando se trabalha com escalas, o conceito da precisão gráfica é muito importante. A precisão gráfica é caracterizada como a menor grandeza medida no terreno capaz de ser representada em desenho na escala mencionada (IBGE, 1998).

Baseando-se em cálculos matemáticos, sabe-se que o menor comprimento gráfico que pode ser representado num desenho é o de 1/5 de milímetro, ou 0,2 mm (IBGE, 1998). Sendo assim, essa é a medida de erro admissível nas representações cartográficas.

Conhecendo esse limite prático, é possível determinarmos o erro tolerável nas representações cartográficas apresentadas em determinada escala. Esse erro é calculado por meio da seguinte relação:

$$e_m = \frac{1}{N} \quad \text{ou} \quad e_m = \frac{1}{\left[\frac{d}{D}\right]}$$

Em que:
e_m = erro tolerável em metros
N = escala de representação

Vejamos uma aplicação prática dessa relação.

Sabendo-se que em determinada região da Terra os acidentes geográficos que se pretende expor numa carta topográfica têm extensão média de 30 m, qual deve ser a menor escala adotada para bem representá-los?

Usando a relação anteriormente apresentada, temos que:

$$0{,}2\text{mm} \rightarrow 0{,}0002\text{m} \rightarrow 0{,}0002\text{ m} = \frac{1}{\left[\frac{d}{30\text{ m}}\right]}$$

$$0{,}0002 = \frac{30}{d}$$

$$0{,}0002d = 30$$

$$\mathbf{d = 150.000}$$

Para responder à questão, constatamos que a menor escala necessária para representar os acidentes geográficos de 30 m de extensão é 1: 150.000. Dessa forma, a precisão gráfica de um mapa está diretamente ligada a esse valor fixo de 0,2 mm.

Para escala E = 1/20.000 → e_m = 4 m
Para escala E = 1/10.000 → e_m = 2 m
Para escala E = 1/40.000 → e_m = 8 m
Para escala E = 1/100.000 → e_m = 20 m

O erro tolerável, portanto, varia na razão direta do denominador da escala e na razão inversa da escala, ou seja, quanto menor for a escala, maior será o erro admissível. Ou, ainda, quanto maior for o denominador da escala, menor será a escala e maior será o erro admissível. Os acidentes cujas dimensões forem menores que os valores de tolerância de erro admitidos não serão representados graficamente. Em muitos casos, é necessária a utilização de convenções cartográficas, cujos símbolos irão ocupar, no desenho, dimensões independentes da escala.

É importante, ainda, citarmos o fato de que, dependendo do trabalho que se está realizando, ou visando à compatibilização de informações, é preciso mudar a escala utilizada na representação cartográfica. Para isso, podem ser realizadas reduções ou ampliações. Assim, a questão é passar de um fator de escala para outro. Conhecendo o novo fator de escala, basta efetuarmos a transformações das medidas para a nova unidade. Vejamos:

$$E_1 = 1:25.000$$
$$E_2 = 1:200.000$$

Temos, então, que proceder a uma redução de escala. Assim:

$$FR = \frac{E_1}{E_2} \rightarrow FR = \frac{[1/25.000]}{[1/200.000]} \rightarrow FR = \frac{200.000}{25.000} \rightarrow FR = 8$$

Sendo FR o fator de redução da escala.

De acordo com o IBGE (1998, p. 26), para a transformação das escalas, existem os seguintes métodos: quadriculado, pantógrafo, digital e fotocartográfico.

- Quadriculado – Utilização de papel quadriculado para efetuar as reduções ou ampliações (Figura 1.13); portanto, trata-se de um método manual. Não há precisão no processo, uma vez que a redução ou a ampliação são efetuadas a partir do aumento ou da redução do tamanho dos quadrados que envolvem a área que se pretende redesenhar. A proporção do desenho é mantida, pois os quadrados que envolvem a figura original e o novo desenho mantêm-se na mesma quantidade, apenas com alteração do tamanho original.

Figura 1.13 – Exemplo de redução pelo método quadriculado

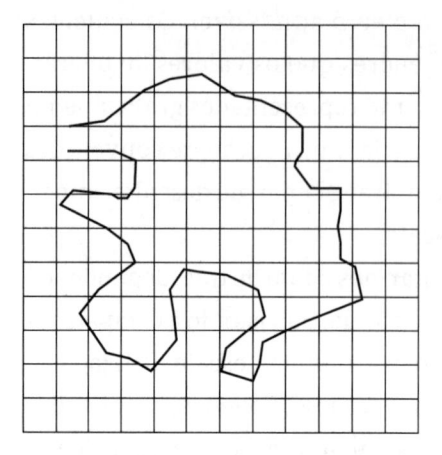

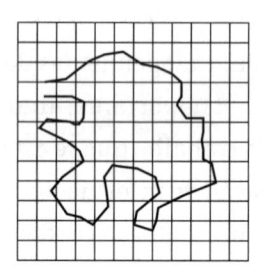

- **Pantógrafo** – Equipamento simples, composto pela junção de quatro réguas opostas duas a duas. Em uma das pontas da figura geométrica fica um lápis, por meio do qual o desenho é refeito em outra escala. A outra ponta da figura geométrica, representada pelo pantógrafo, possui uma pequena ponteira que fica fixa no papel, permitindo a movimentação das réguas para ajustar o novo tamanho do desenho que será feito. Observe um modelo de redução pelo método pantógrafo na Figura 1.14 a seguir.

Figura 1.14 – Montagem e funcionamento de um pantógrafo

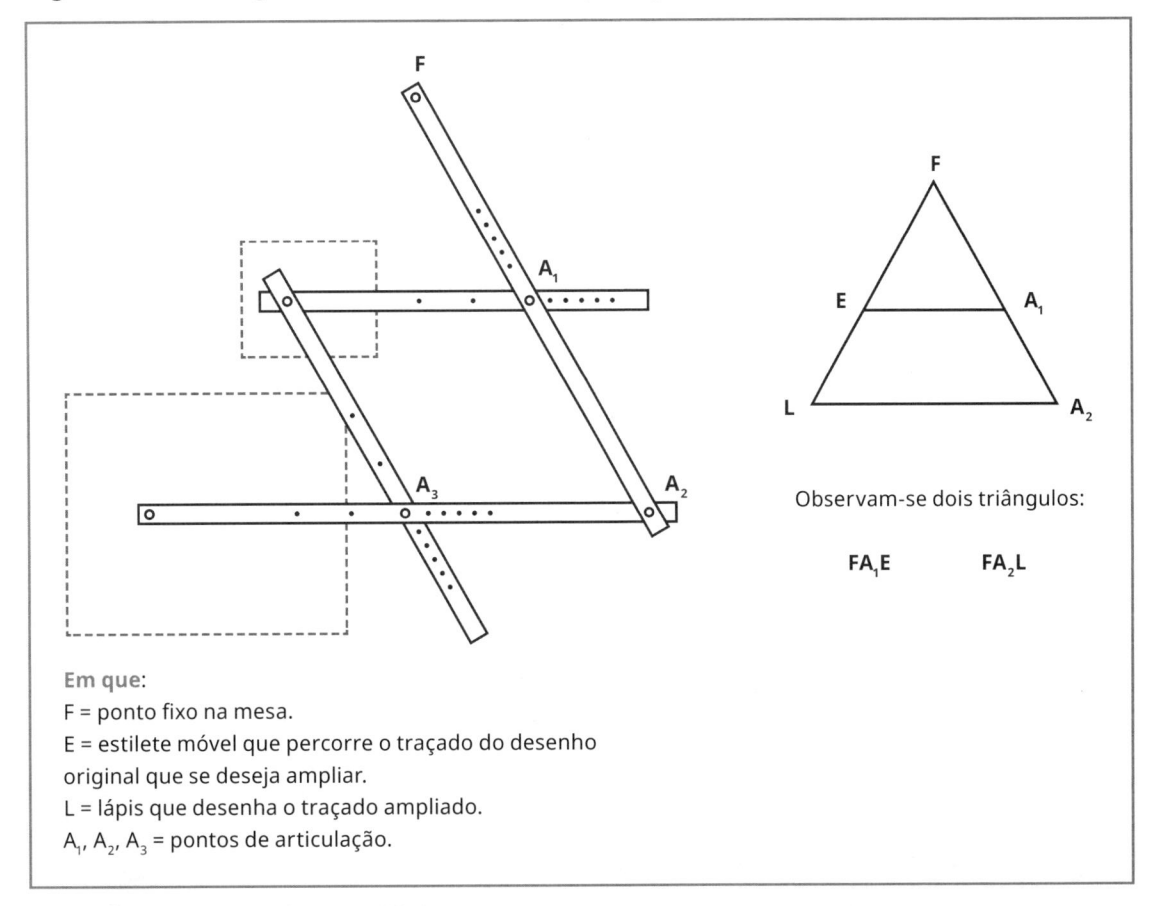

Em que:
F = ponto fixo na mesa.
E = estilete móvel que percorre o traçado do desenho original que se deseja ampliar.
L = lápis que desenha o traçado ampliado.
A_1, A_2, A_3 = pontos de articulação.

Observam-se dois triângulos:

FA_1E FA_2L

- **Digital** – Método por ampliação ou redução em meio digital.
- **Fotocartográfico** – O método de redução fotocartográfico ocorre por meio de uma câmara fotogramétrica de precisão, com a qual é possível efetuar regulagens que permitem a redução ou a ampliação em proporções rigorosas. É um método preciso e rápido. A ampliação ou a redução fotográfica é usada como vantagem quando:
  - há disponibilidade de um laboratório fotográfico profissional;
  - se deseja reduzir um mapa a qualquer escala ou, ainda, ampliá-lo sutilmente para que o traçado não seja distorcido (pois as imperfeições se tornam visíveis quando a ampliação é o dobro ou maior);
  - o traçado for muito elaborado, dificultando o redesenho.

Em cartografia, devemos utilizar somente os métodos fotocartográfico e digital, considerando-se a maior precisão desses métodos. Ressaltamos que a ampliação é muito mais susceptível de erro do que a redução; todavia, reduções grandes poderão gerar a fusão de linhas e demais componentes de uma carta (coalescência).

Em um SIG, um plano de informação (desde que georreferenciado) pode ser exibido e manipulado em qualquer escala, inclusive maiores do que o desenho original. No entanto, devemos ficar atentos, pois a inexistência de limite técnico não habilita o profissional a manusear planos de informação em diferentes escalas ou escalas muito ampliadas em relação ao original. Como o erro cartográfico é função direta da escala aplicada no mapa, a ampliação da escala provoca igualmente a ampliação dos erros.

Dessa forma, antes de iniciar a manipulação de um mapa em formato digital, é fundamental que o usuário tome conhecimento da escala e do método utilizado na elaboração do mapeamento original.

■ Síntese

Neste capítulo, estudamos alguns conceitos importantes da cartografia. Pudemos verificar a evolução da compreensão sobre a forma da Terra até a noção mais recente e que melhor se aproxima do formato real do planeta, a de um geoide. Contudo, para fins de cálculos matemáticos, adotamos a forma do elipsoide de revolução, determinado a partir de parâmetros conhecidos (a = semieixo maior – raio do Equador; b = semieixo menor – raio polar; e α = achatamento (a – b)/a).

Considerando-se que tais parâmetros variam de região para região, cada local adota como referência o elipsoide mais indicado para os trabalhos geodésicos e topográficos, ou seja, aquele que mais se aproxime do geoide na região considerada. No Brasil, adotou-se mais recentemente o elipsoide de referência, da União Astronômica Internacional, homologado em 1967 pela Associação Internacional de Geodésia.

Também estudamos os sistemas geodésicos brasileiros mais utilizados – SAD-69 e Sirgas 2000 –, identificando suas principais características. Conhecemos, então, as projeções cartográficas e os sistemas de coordenadas (representados por paralelos e meridianos) e analisamos o sistema UTM e o sistema de coordenadas geográficas (caracterizado por coordenadas representadas em graus, minutos e segundos, referenciadas para cada hemisfério: N/S e L/O).

O sistema UTM adota coordenadas métricas planas ou plano-retangulares, com características específicas que aparecem nas margens das cartas, acompanhando a rede de quadrículas planas. O cruzamento da linha do equador com um meridiano padrão específico – MC – é a origem desse sistema de coordenadas. Os valores das coordenadas seguem um sistema matemático de numeração, assim estabelecido:

> Sobre a linha do equador – 10.000.000 m
> Sobre o MC – 500.000 m

Aprendemos, ainda, como extrair coordenadas – geográficas e UTM – de cartas e mapas, por meio de uma simples regra de três e com o uso de régua graduada (em centímetros). Identificamos as principais representações cartográficas (por traço e por imagem) e os conceitos de orientação geográfica, inerentes às diversas representações.

Por fim, estudamos o conceito de escalas, identificando suas três formas de representação (gráfica, numérica e nominal) e o modo de estabelecê-las, e aprendemos a realizar transformações de escalas (ampliações e reduções) e a calcular a precisão gráfica, mediante o estabelecimento do erro mínimo de 0,2 mm.

■ Questões para revisão

1. Com base no mapa apresentado a seguir, calcule a distância real (em km), em linha reta, entre as cidades de Florianópolis e Lajes, sabendo que a distância gráfica é de 1,7 cm.

2. Num mapa de escala 1.500.000, 5 cm correspondem a quantos km no plano real?

3. Observe as figuras e marque verdadeiro (V) ou falso (F) para cada afirmação a seguir.

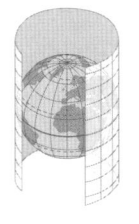

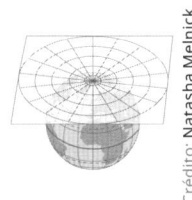

Projeção cilíndrica   Projeção cônica   Projeção azimutal

[ ] A projeção cartográfica é um traçado sistemático de linhas numa superfície plana, destinado à representação de paralelos de latitude e meridianos de longitude da Terra ou de parte dela.

[ ] Na projeção azimutal, as direções de todas as linhas irradiadas do polo de projeção são iguais às direções das linhas correspondentes da esfera.

[ ] A projeção cônica é aconselhada, sobretudo, para áreas de predominância

latitudinal, e não para as de grande extensão em longitude.

[ ] A projeção cilíndrica é uma das mais utilizadas por não apresentar deformações nas altas latitudes.

[ ] Numa projeção cilíndrica, os espaços dos paralelos não precisam ser rigorosamente iguais aos dos meridianos.

A opção que apresenta a sequência correta é:

a] F, V, V, F, V.
b] F, V, V, V, F.
c] V, V, F, F, V.
d] F, V, F, V, V.

4. Marque verdadeiro (V) ou falso (F):

[ ] Paralelamente à linha do equador ficam dispostos círculos que diminuem de tamanho à proporção que estão mais próximos dos polos.

[ ] A latitude de um lugar é medida em km e representa a distância entre dois pontos na superfície do planeta.

[ ] As coordenadas geográficas compreendem a latitude, a longitude e a distância em metros em relação ao nível do mar.

[ ] A longitude é o afastamento, medido em graus, de um meridiano em relação a outro, chamado *meridiano de Greenwich*.

[ ] Quando se projeta a rede de paralelos e meridianos sobre o papel, tem-se uma projeção cartográfica.

A opção que apresenta a sequência correta é:

a] V, F, F, V, V.
b] V, V, F, F, V.
c] V, F, V, V, F.
d] V, F, V, V, V.

5. Se, num mapa do Brasil, 1 cm representa 250 km, marque verdadeiro ou falso para as afirmações a seguir.

[ ] Se a distância em linha reta de Brasília a Fortaleza é de 1.675 km, no mapa em questão essa distância corresponde a aproximadamente 6,7 cm.

[ ] No mapa, cada cm corresponde a 750 km.

[ ] No mapa, cada cm corresponde a 1.200 km.

[ ] Os aproximadamente 16 cm que separam Boa Vista de Porto Alegre, passando por Brasília, correspondem à distância real em linha reta de 4.000 km.

[ ] 1.445 km, aproximadamente, separam Brasília de Salvador. No mapa, isso corresponde a 5,78 cm.

A opção que apresenta a sequência correta é:

a] V, V, V, V, V.
b] F, F, F, F, F.
c] V, F, F, F, V.
d] V, F, F, V, V.

■ **QUESTÃO PARA REFLEXÃO**

Se você tivesse que fazer um mapa do Brasil numa folha de tamanho A4, qual seria a melhor escala a ser utilizada? Uma escala pequena ou grande? Justifique.

■ **Para saber mais**

OLIVEIRA, C. de, **Curso de cartografia moderna**. Rio de Janeiro: Fundação IBGE, 1988.

Neste livro, o autor trata de conceitos importantes da cartografia, servindo de referência complementar para o aprofundamento dos conteúdos trabalhados sobre esse tema. A leitura e o estudo desse material contribuirá para o aprofundamento e a sedimentação dos conteúdos.

Capítulo

2

Introdução ao Sistema de Informações Geográficas (SIG)

Conteúdos do capítulo:
- Definição de Sistema de Informações Geográficas (SIG).
- Desenvolvimento de um SIG.
- Breve histórico da evolução dos SIGs.
- Banco de dados.
- Funções dos SIGs.

Após o estudo deste capítulo, você será capaz de:
1. definir um SIG e conhecer sua evolução histórica;
2. identificar os elementos integrantes de um SIG;
3. diferenciar SIG de CAD e compreender a importância do banco de dados;
4. conhecer as principais funções de um SIG.

Entre o fim do século XX e o início do século XXI, ampliou-se o uso das tecnologias de informação e comunicação. Nesta era, observa-se um maior disciplinamento e gerenciamento das informações. Trata-se de um contexto em que as relações sociais, as organizações institucionais e as sociedades tornam-se cada vez mais complexas. Nesse sentido, crescem as discussões em torno de mecanismos de gestão e convivência harmoniosa.

É nesse quadro de complexas relações que os SIGs tornaram-se tecnologias importantes para a análise de informações espacializadas, permitindo maior compreensão dos processos e fenômenos que ocorrem nos territórios. Isso porque essa tecnologia dispõe de um conjunto de ferramentas que facilitam a apresentação das informações, de maneira que a análise adquire um caráter mais prático, permitindo uma tomada de decisão mais acertada e coerente com a realidade das diferentes regiões do planeta.

Atualmente, há farto material científico que descreve os fenômenos relacionados ao ambiente físico, bem como abundante coleta de informações sociais e econômicas sobre a grande maioria das sociedades, realizadas por diversas instituições de pesquisa, de ensino ou ligadas a governos e administrações públicas.

Os SIGs inserem-se nesse contexto porque auxiliam no gerenciamento das informações existentes, além de possibilitarem uma melhor representação das informações e análises, de modo mais ampliado e profundo. Neste capítulo, discorreremos sobre os SIGs de forma didática, trazendo os elementos necessários à compreensão satisfatória da temática.

2.1 Definições de SIG

Os SIGs são uma tecnologia específica, cujo arcabouço de ferramentas está direcionado às análises de dados espaciais, referenciados no espaço. Silva (1999, p. 27) afirma que "A tecnologia SIG está para as análises geográficas, assim como o microscópio, o telescópio e os computadores estão para outras ciências (Geologia, Astronomia, Geofísica, Administração, entre outras)".

De modo geral, percebe-se que o conceito de SIG evoluiu ao longo dos anos, sobretudo após sua "origem" ou uso mais intensificado desse conjunto de ferramentas durante a década de 1980. Burrough (citado por Miranda, 2010, p. 19) definiu um SIG como "um sistema (automatizado) de coleta, armazenamento, manipulação e saída de dados cartográficos".

O conceito de SIG mais difundido entre diversos autores, como Câmara et al. (1996), é o de um conjunto organizado de *hardware*, *software*, dados geográficos e pessoal capacitado, desenvolvido para capturar, armazenar, atualizar, manipular e apresentar, por meio de um produto final cartográfico, a espacialização das informações referenciadas geograficamente.

Sem dúvida, a evolução da informática contribuiu fortemente para o avanço dos SIGs e do conjunto de ferramentas disponibilizadas para a análise das informações geográficas. Mas, também, as contribuições da geografia, dos trabalhos com mapas e da coleta de dados sobre os diversos fenômenos espacializáveis, bem como de outras ciências, foram fundamentais nas aplicações e nos direcionamentos dos SIGs como suporte à tomada de decisões diversas – como nos segmentos de segurança pública e criminalidade, saúde coletiva, distribuição de escolas, climatologia etc.

Star e Estes (1990) definem o SIG como um sistema composto pela união de um Banco de Dados (BD), especialmente projetado para trabalhar com informações georreferenciadas, a um conjunto de operações que fornecem condições analíticas para se trabalhar com os dados armazenados.

Segundo Câmara et al. (1996), cada definição de SIG prioriza um aspecto distinto. Para o autor, há definições que destacam a importância do BD por considerá-lo essencial ao gerenciamento dos dados que integram um SIG. Daí decorre, inclusive, a definição de SIGs como Sistemas de Gerenciamento de Banco de Dados (SGBDs).

Há muitas abordagens que entendem os SIGs como um conjunto de ferramentas (*toolbox*) e de algoritmos necessários, por exemplo, à manipulação de dados geográficos e à produção de mapas. Há, ainda, enfoques que apresentam os SIGs como sistemas integrados, compostos por diversas etapas até a composição dos produtos finais. Essas etapas incluem fases de pré-processamento de dados, processamento de dados e análise (Câmara et al., 1996).

Contudo, o objetivo principal é sempre o mesmo – permitir a análise de informações espacializadas de modo mais eficiente, dinâmico e rápido, auxiliando na tomada de decisões; daí a grande importância que assumem os bancos de dados no conceito e na funcionalidade dos SIGs, além do fato de que todas as definições apontam para uma perspectiva multidisciplinar de sua utilização.

Sendo assim, independentemente da definição, sintetizamos três importantes características dos SIGs, de acordo com Câmara e Ortiz (2006): 1) São sistemas que possibilitam a integração, numa única base de dados, de diferentes informações geográficas, oriundas de diferentes fontes (desde censos demográficos até cadastros urbanos e rurais, dados climatológicos, geomorfológicos, imagens de satélites, modelos numéricos do terreno etc.); 2) Qualquer SIG oferece mecanismos que possibilitam a recuperação, a manipulação e a visualização dos dados armazenados num BD, por meio de um conjunto de algoritmos de manipulação e análise; 3) SIGs oferecem ferramentas que permitem a combinação de diversas informações para a geração de mapeamentos derivados.

Um SIG, basicamente, é constituído por alguns elementos: usuário, entrada e integração de dados; funções, ferramentas e processamento; visualização, finalização (montagem de *layout*) e plotagem; armazenamento e recuperação de dados (Câmara et al., 1996).

A Figura 2.1 sintetiza os elementos integrantes de um SIG.

Figura 2.1 – Elementos básicos de um SIG

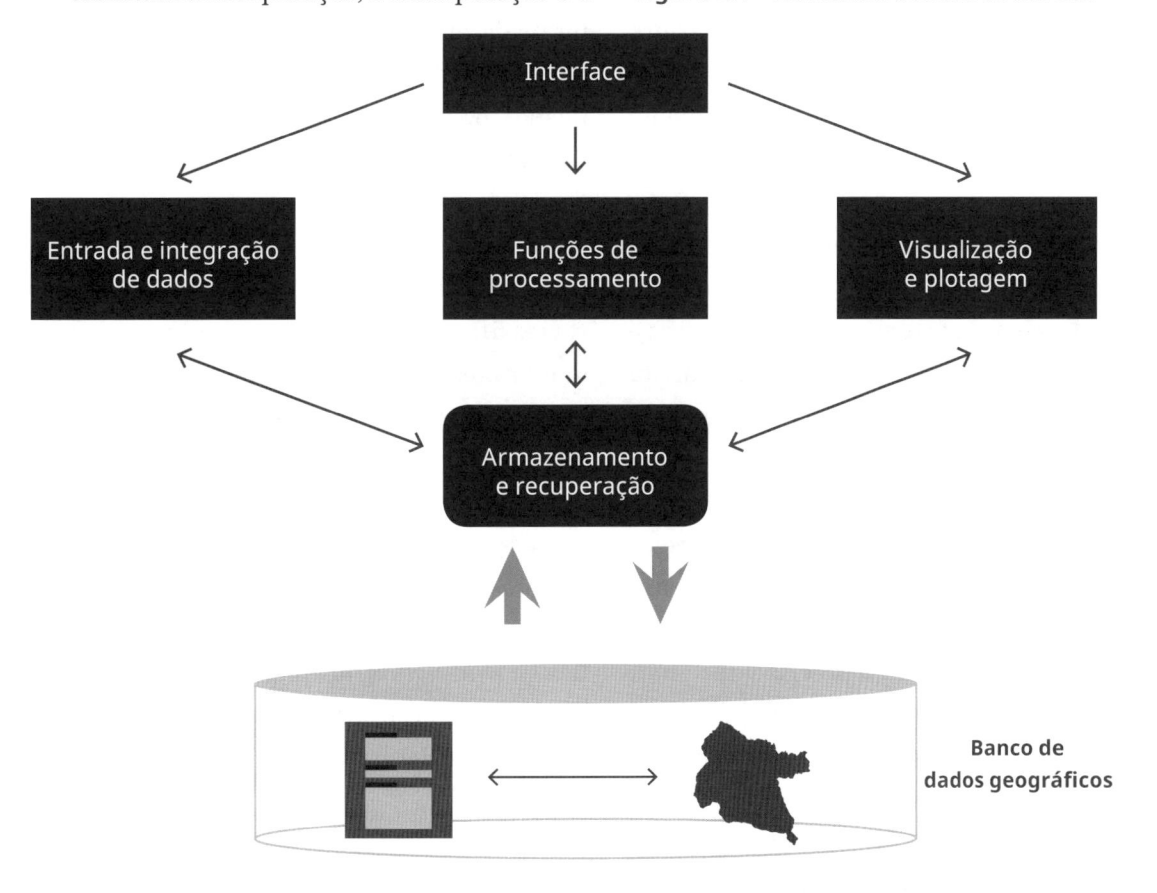

Fonte: Adaptado de Câmara et al., 1996, p. 24.

2.2 Breve histórico da evolução dos SIGs

Os mapas são a forma mais antiga que se conhece para analisar e manipular informações que estão/ocorrem no espaço, num dado período. As informações apresentadas nesses documentos, em geral, encontram-se georreferenciadas por um sistema de coordenadas, em que cada ponto pode ser localizado a partir de sua referência de latitude, longitude e elevação em relação ao nível do mar.

Para se construir um mapa, é necessário, inicialmente, obter os dados (mediante visitas em campo, levantamento de informações etc.); na sequência, são realizadas as medições de distâncias para a determinação da escala de desenho e a padronização na apresentação das informações.

Muitos mapas permitem o cruzamento de informações quando são sobrepostos uns aos outros (com o auxílio de uma folha transparente, como papel vegetal ou lâminas de transparência, por exemplo). Mas, sem dúvida, além de trabalhoso, esse processo é oneroso e os resultados não são tão satisfatórios, considerando-se que a sobreposição é manual e se baseia na percepção visual do indivíduo.

Os primeiros SIGs desenvolvidos pelas sociedades surgiram como tentativa de baratear e automatizar o processo de análise de informações, visando à precisão das análises. Os avanços tecnológicos ocorridos na década de 1940, especialmente o aparecimento dos primeiros computadores eletrônicos, contribuíram para modificar os padrões clássicos da cartografia (Assad; Sano, 1998). Os processos matemáticos que eram realizados por esses computadores abriram novas perspectivas à pesquisa e à manipulação de grandes quantidades de dados, especialmente os espaciais.

Assim, as primeiras tentativas de automatizar o processamento de dados georreferenciados ocorreram na década de 1950, na Grã-Bretanha e nos Estados Unidos (Aronoff, 1995). No primeiro caso, foi desenvolvido um sistema de produção de mapas para pesquisas botânicas. Os dados vinham previamente perfurados num cartão. No segundo, foi desenvolvido um sistema que mostrava graficamente o volume do tráfego em algumas vias da cidade de Chicago (Assad; Sano, 1998).

Os primeiros SIGs propriamente ditos foram desenvolvidos na década de 1960. Em 1962, o Canadá construiu um sistema automatizado – o *Canadian Geographic Information System* (CGIS) – para inventariar os recursos naturais presentes em seu território e organizar o uso do solo. Esse sistema tinha capacidade de armazenar e recuperar dados, reclassificar os atributos contidos no BD, mudar a escala de apresentação do *layout*, oferecer operações de sobreposição de polígonos, criar novos polígonos (apresentava algumas funções de desenho, como um CAD[1]), fornecer listas e apresentar relatórios estatísticos (Aronoff, 1995).

Em 1969, Ian McHarg publicou o livro *Design with Nature*, no qual formaliza o conceito e a aplicação do SIG para estudos do uso da terra. Ele desenvolveu um sistema – SCA

---
[1] CAD (do inglês, *Computer Aided Design*, ou seja, desenho assistido por computador), trata-se de um sistema computacional desenvolvido, fundamentalmente, para criação e edição de desenhos. Atualmente, um CAD permite a realização de análises e a otimização dos desenhos, sem o uso de banco de dados.

(*Suitabilty/Capability Analysis*) – que permitia combinar e comparar tipos de dados diferentes por meio do uso de modelos determinísticos que produziam mapas como produto final (Miranda, 2010).

Durante a década de 1970, foram desenvolvidos fundamentos matemáticos voltados à cartografia, o que permitiu o início das análises topológicas, que são análises espaciais entre elementos cartográficos (Miranda, 2010). Essa década foi marcada pelo surgimento de sistemas voltados para o planejamento de situações ligadas aos ambientes urbanos e também pelo aparecimento das imagens oriundas das técnicas de sensoriamento remoto. Essas imagens viriam a ser uma das fontes de informação mais importantes para os SIGs.

Em 1973, a Intergraph Corporation produziu um sistema gráfico – o Nashville – que atendia aos interesses militares. Esse sistema processava e gerava mapas de forma automática e interativa para atender aos interesses administrativos dos governos (Aronoff, 1995).

Mas a definitiva incorporação dos SIGs nos diferentes segmentos das sociedades aconteceu na década de 1980, período que se caracterizou pelo barateamento das estações de trabalho e dos computadores pessoais, o que viabilizou a ampliação do uso dos SIGs para além das grandes corporações empresariais. Os avanços tecnológicos permitiram, ainda, o aperfeiçoamento na aquisição dos dados e os melhoramentos na composição dos bancos de dados geográficos, uma vez que o volume de dados tornava-se cada vez maior e mais complexo (Câmara et al., 1996).

Foi nesse período que a Earth System Resarch Institute (Esri) desenvolveu um banco de dados relacional e comercial, enquanto a Intergraph Corporation criou um sistema de banco de dados comercial de tipo hierárquico (Aronoff, 1995). A década seguinte caracterizou-se pela ampliação da integração entre usuário e SIGs, a partir da simplificação dos aplicativos disponíveis.

Atualmente, as aplicações dos SIGs diferenciam-se quanto: à extensão das áreas geográficas consideradas nas análises (desde um quarteirão até o planeta Terra todo); aos equipamentos (desde computadores pessoais até o *Global Positioning Systems* – GPSs, além de equipamentos celulares capazes de trabalhar com SIGs); à abrangência dos estudos e resultados (desde interesses particulares em pesquisas acadêmicas até interesses governamentais ou empresariais específicos).

É importante citar, também, a evolução na interface dos *softwares* de SIGs existentes. Conforme Paula (2009, p. 33):

> O primeiro tipo de interface a ser utilizado nos vários sistemas foi à linguagem de comandos, que possui grande poder expressivo (se a linguagem for poderosa, qualquer tarefa pode ser expressa num número reduzido de comandos). No entanto, à medida que aumenta a funcionalidade do sistema, cresce a complexidade da linguagem e aumenta em muito a dificuldade de uso.

Hoje, as interfaces estão baseadas em *menus*, que são mais fáceis de operar, já que o usuário não tem de aprender uma linguagem complexa, pois o ambiente já está pronto. Essa é uma tendência de mercado e as empresas buscam adaptar-se a ela com o propósito de conquistar novos usuários. De acordo com Silva (1999), os avanços da tecnologia SIG caminham recentemente no seguinte sentido:

- Configuração de plataformas que se utilizam de estações de trabalho e computadores pessoais interligados em rede.
- Ampliação do uso de Sistema de Modelos Digitais de Elevação (SMDE).
- Análises matemáticas realizadas com o apoio da estatística clássica e da geoestatística.
- BD desenvolvidos para atenderem aos objetos a serem incorporados, assim como a ampliação da inteligência artificial nos sistemas.
- Análise de dados espaciais em três dimensões como procedimento rotineiro.

2.3 Desenvolvimento/operacionalidade de um SIG

Basicamente, a utilização de um SIG compreende três etapas: 1) coleta de dados; 2) criação do BD geográfico; 3) operacionalização do sistema.

A fase da coleta de dados compreende os processos de seleção das informações, levando-se em consideração que uma grande quantidade de fenômenos pode ser escolhida para descrever distintas visões de mundo, para certa região ou para dado momento histórico. É importante frisarmos que os dados coletados devem apresentar um padrão de referenciamento espacial para garantir a possibilidade de espacialização das informações, bem como viabilizar o cruzamento entre elas.

Além disso, nessa etapa é preciso definir as operações matemáticas que permitirão a manipulação dos dados mediante a descrição lógica do banco de dados que será organizado com base nas informações coletadas.

A segunda etapa refere-se à criação do banco de dados. Para tanto, deve-se proceder à correção dos dados coletados, caso seja necessário. Por exemplo: a eliminação/minimização de erros ou o estabelecimento de sistema de coordenadas, além do georreferenciamento das informações (caso não estejam georreferenciadas).

Essa fase pode ser bastante trabalhosa, além de demorada, dependendo da quantidade de informações que precisam ser corrigidas ou adequadas. Nesse sentido, é importante que a primeira etapa tenha sido benfeita, o que garante a qualidade dos dados coletados.

A terceira etapa compreende o uso do SIG e o desenvolvimento de aplicações e ferramentas específicas para garantir a manipulação e a espacialização adequadas dos dados armazenados no BD. Assim, cada usuário "personaliza" essa etapa de acordo com as necessidades particulares das informações que estão sendo trabalhadas.

Devemos ressaltar que o uso de um SIG não garante a qualidade do produto final, ou seja, a adoção desses sistemas não assegura que o produto final corresponda às expectativas iniciais quando do desenvolvimento do sistema. Se não houver o controle de qualidade das informações coletadas ou da organização do banco de dados, o resultado final pode ser um mapa bastante colorido, mas que contém informações sem significado ou inadequadas ao uso prático.

De acordo com Silva (1999, p. 28), "um SIG não se comporta como uma 'varinha de condão', não é capaz de realizar mágicas; se o conjunto de dados, originalmente, for construído de 'lixo', o produto derivado de operações realizadas em ambiente SIG será um 'lixo' organizado, portanto sem utilidade".

A evolução dos SIGs caminhou juntamente com a expansão dos usuários. Só nos Estados Unidos, estima-se que havia mais de 83 mil SIGs em operação no início da década de 1990 (Silva, 1999).

Pensando-se na eficiência de um SIG e no uso adequado do conjunto de informações disponíveis, visando à melhor composição de produtos finais, sintetizamos algumas "regras" gerais que devem ser seguidas no momento da coleta dos dados para a organização do BD. Conforme Miranda (2010), as regras são as seguintes:

- Especificar os objetivos claramente, antes de selecionar o conjunto de informações e mapas.
- Evitar usar dados de fontes duvidosas, sobretudo se puder coletá-los de fontes convencionais. Esse passo ajuda a aumentar a precisão da coleta de informações, especialmente quando se trata de referenciamento espacial, o que nos conduz à regra seguinte.
- Usar dados precisos. A precisão cartográfica garante não somente a qualidade do produto final, mas também a veracidade das informações espacializadas. Nesse sentido, é necessário buscar mapas com maior detalhamento de informações.

O nível de detalhamento dos dados interfere nos resultados esperados. Quanto maior o detalhamento das informações coletadas, melhores tendem a ser os resultados, facilitando, inclusive, a tomada de decisões.

2.4 Banco de dados geográficos

Um Banco de Dados Geográficos (BDG) é o repositório de dados de um SIG. Ele é responsável pelo armazenamento e pela recuperação de dados geográficos em suas diferentes geometrias (imagens, vetores, grades)[2], bem como pelas informações descritivas (atributos não espaciais).

Lembre-se de que o objetivo principal de um BD em um SIG é promover uma visão mais abstrata dos dados, "escondendo" do usuário a forma como tais dados estão armazenados ou são mantidos. Silva (1999, p. 147) nos explica que há níveis de abstração para que os dados possam ser "escondidos":

> Os níveis mais baixos descrevem de que maneira os dados são organizados, e os usuários com pouca experiência não precisam se preocupar com os detalhes que são encontrados nestes níveis. Em nível físico, as estruturas dos dados são descritas em detalhes e, no nível conceitual, é definido quais serão os dados que deverão ser armazenados e a relação entre eles.

Tradicionalmente, os SIGs armazenavam os dados geográficos e seus atributos em arquivos internos aos *softwares* e sistemas em uso. Esse tipo de solução vem sendo substituído pelo uso cada vez maior do SGBD, para satisfazer à demanda do tratamento eficiente de bases de dados espaciais.

---
2 Mais adiante, no Capítulo 3, estudaremos os tipos de dados utilizados em SIG.

Um SGBD apresenta os dados numa visão independente dos sistemas aplicativos disponibilizados pelo *software*, além de garantir três requisitos importantes: 1) eficiência (permite modificações e acesso a grandes volumes de dados); 2) integridade (controle de acesso por múltiplos usuários); 3) persistência (manutenção de dados por longo tempo, independentemente dos aplicativos que acessam os dados).

O uso do SGBD permite ainda que seja realizada com maior facilidade a interligação entre um BD já existente e o sistema de geoprocessamento. Assim, é possível que um banco de dados externo seja montado – por exemplo, em Microsoft Access® ou Excel® – e adicionado ao conjunto de dados já existentes no *software*.

A interligação de um SGBD convencional com um SIG dá origem a um ambiente dual: os atributos convencionais são guardados no banco de dados (em forma de tabelas[3]) e os dados espaciais são tratados por um conjunto de sistemas ou ferramentas. A conexão é feita por identificadores de objetos.

Normalmente, os identificadores de objetos são informações equivalentes (que se relacionam) àquelas já existentes no sistema ou *software* com o qual se está trabalhando.

Conforme Miranda (2010), de modo amplo, um BDG consiste em uma coleção de dados que se inter-relacionam, enquanto o SGBD equivale a um conjunto de programas que facilitam o acesso aos dados contidos no BDG. Desse modo, o SGBD dinamiza o acesso a informações e facilita o manuseio e a recuperação dos dados trabalhados.

Vários fatores devem ser considerados em um SGBD para torná-lo eficiente e prático. Mas, de modo geral, citamos dois bastante importantes: 1) segurança e integridade dos dados armazenados; 2) múltiplos usuários. A segurança dos dados é essencial para que nenhum usuário possa modificar a base principal das informações, de modo que nenhum dado seja apagado ou transferido indevidamente, em sua origem. E essa situação se relaciona ao fato de que o BD terá múltiplos usuários que precisam acessar simultaneamente as informações. Assim, o BD deve disponibilizar os dados de modo eficiente e em tempo real.

É importante salientar que o BDG é o elemento principal que diferencia um SIG de um programa de CAD – *Computer Aided Design*. A característica básica e geral de um SIG é a sua capacidade de tratar as relações espaciais[4] entre os objetos geográficos e armazenar essas características por meio de um BDG. Podemos dizer, então que o BDG é o principal elemento que distingue um SIG de um CAD – ou seja, um SIG tem a capacidade de armazenar dados em um BDG.

A outra diferença fundamental entre um SIG e um CAD é a capacidade de o primeiro tratar as diversas projeções cartográficas. Para aplicações em análise geográfica, o armazenamento da topologia permite o desenvolvimento de consultas a um banco de dados espacial que não seriam possíveis de outra maneira.

---

3 Lembramos que, no BD, os dados são trabalhados de forma tabular, sendo relacionados a feições espaciais.

4 Conforme Câmara et al. (1996, p. 2): "Denota-se por topologia a estrutura de relacionamentos espaciais (vizinhança, proximidade, pertinência) que podem se estabelecer entre objetos geográficos".

Para que possamos aprofundar o conhecimento em BD, vamos verificar os principais tipos existentes que podem ser utilizados nos SIGs. Basicamente, são quatro tipos principais de BD: 1) em rede; 2) relacional; 3) hierárquico; 4) orientado ao objeto.

- **BD em rede** – Neste tipo de modelo de BD, os dados são representados por conjuntos de "caixas", que equivalem aos registros, e os relacionamentos entre os dados são representados por linhas, que equivalem às ligações entre os dados. Neste modelo, apenas um dado de uma "caixa" corresponde a outro dado da outra "caixa" (modelo de correspondência um para um).
- **BD relacional** – Neste modelo, cada tabela de dados conta com uma estrutura determinada em que cada linha representa o relacionamento entre o conjunto de valores da tabela. Sabendo que a tabela equivale à coleção de tais relacionamentos, observa-se estreita relação entre os conceitos de tabela e a relação matemática – daí o nome *modelo relacional*. Nesse caso, cada tabela pode operar com duas ou mais tabelas, mediante ligações estabelecidas por meio de campos em comum. Este é o modelo mais utilizado nos *softwares* de SIG.
- **BD hierárquico** – Similar ao modelo em rede. Os dados e as relações entre eles são representados por registros e ligações, respectivamente. Contudo, no modelo hierárquico, os registros estão organizados sob a forma de um conjunto de "árvores" – ou, onde há diversos registros, interconectados por meio de ligações. Cada registro equivale a uma coleção de campos (ou atributos), cada um dos quais contendo apenas uma informação. Este modelo foi adotado pela IBM quando da implementação do sistema IMS – *Information Management System*.
- **BD orientado ao objeto** – Baseia-se no encapsulamento dos dados e dos respectivos códigos em uma única entidade – o objeto. A interface entre um objeto e o resto do sistema é definida como um conjunto de mensagens, as quais podem ser representadas por textos, dados de áudio, imagens, gráficos, entre outros. Este modelo é interessante, pois permite que um BD seja estruturado a partir de representações, tais como ícones, que coexistem com os dados armazenados.

É importante destacar que há BDs desenvolvidos com fins comerciais, destinados a usuários diferentes que, na maioria das vezes, não entendem do funcionamento de um BD. Nesse caso, existem BDs que utilizam linguagem estruturada (SQL – *Structure Query Language*), para o caso daqueles usuários de "alto nível", mais especializados e que escrevem programas para sistemas especializados. Há também os BDs que utilizam aplicações já prontas.

2.5 Principais funções dos SIGs

Inicialmente, o usuário de um SIG deve proceder à organização dos dados coletados, ou à organização do BD. Sem dúvida, essa etapa pode consumir a maior parte do tempo e dos esforços (físicos, intelectuais e financeiros) empreendidos na composição de um mapa final. A partir do momento em que se está com o BD, organizado, utilizam-se as funções de um SIG para a produção dos mapas desejados.

Nesse sentido, são realizadas operações matemáticas que, combinadas, produzem novos mapas. Essas operações, na maioria das vezes, são automáticas e realizadas por ferramentas existentes nos *softwares*, inclusive porque a maioria das operações utilizadas em SIG são complexas e exigem aprofundados conhecimentos matemáticos.

Outra observação inicial importante refere-se à conferência da qualidade dos dados de que se dispõem. É imprescindível que as relações topológicas (relacionamentos matemático-espaciais entre os dados geográficos) sejam satisfeitas. As principais relações topológicas são disjunção, adjacência, contingência, igualdade, intersecção e cruzamento, conforme demonstradas na Figura 2.2 a seguir.

Figura 2.2 – Principais relações topológicas entre objetos geográficos

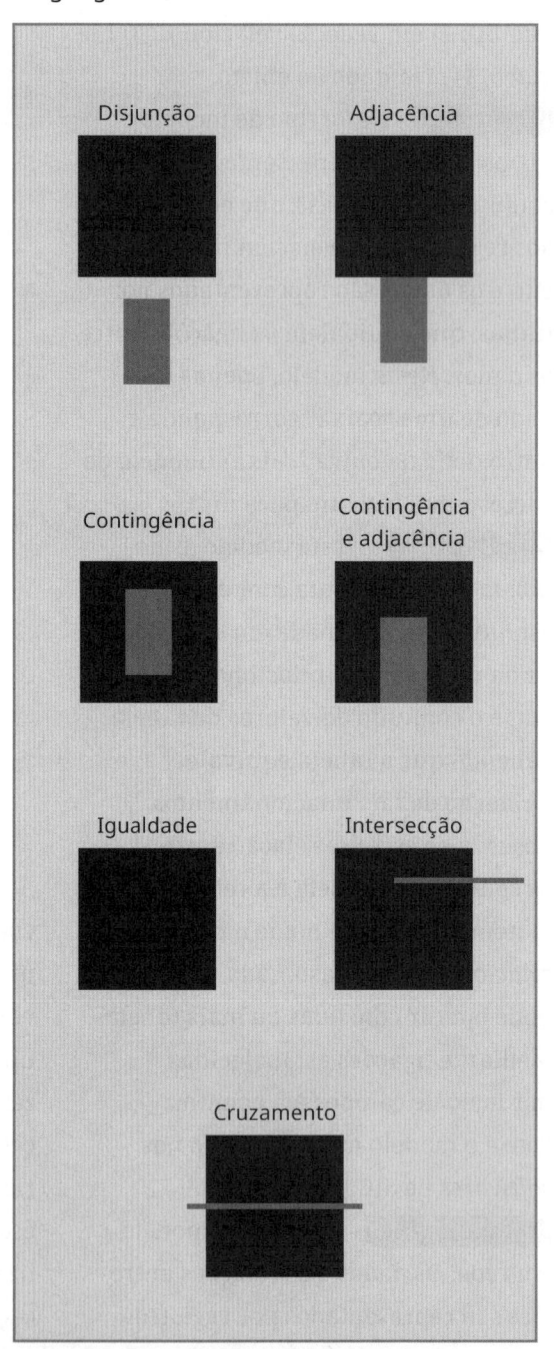

Fonte: Adaptado de Silva, 1999, p. 164.

O Quadro 2.1 a seguir apresenta as características das relações topológicas e alguns exemplos práticos do uso dessas relações em SIG.

Quadro 2.1 – Relações topológicas em SIG

Relações topológicas	Características	Exemplos em SIG
Disjunção	Relações entre elementos que não possuem limites em comum.	Um mapa pedológico com manchas representativas dos tipos de solos, sem cadeias que as separem.
Adjacência	Há cadeias separando os elementos.	Um mapa de vegetação que mostre a contiguidade entre os tipos vegetais.
Contingência	Relações comuns entre elementos.	Um mapa geológico com manchas, representando uma litologia que poderá aparecer em litologias diversas.
Igualdade	Singularidade de os elementos possuírem as mesmas relações geométricas.	Sobreposição entre declividade e uso do solo. Poderá haver sobreposição de polígonos com geometria equivalente.
Intersecção	Cruzamento entre um elemento linear e um dos contornos de certo polígono.	Limites municipais e a rede de drenagem de uma localidade.
Cruzamento	Caso de intersecção no qual os elementos cruzam completamente os polígonos.	Rede viária sobre um mapa com limites municipais.

Fonte: Adaptado de Silva, 1999, p.165.

As principais funções de um SIG são: consulta; reclassificação; cruzamento de camadas; cálculo de medidas lineares e de área; análises de proximidade e de contiguidade (interpolação); operações de superposição (*overlay*); operações algébricas não cumulativas; operações algébricas cumulativas.

2.5.1 Consulta

A consulta consiste no acesso às informações contidas no BD. Assim, para se obter informações referentes a um objeto geográfico, basta clicar sobre ele e acessar o BD para consultar as informações disponíveis. Além de informações sobre a localização (por exemplo, as coordenadas geográficas), essa função permite ao usuário saber sobre comprimentos, perímetros, áreas etc.

2.5.2 Reclassificação

A reclassificação é uma das funções mais usadas em SIG. Ela permite que o usuário, com base nas informações contidas no BD, produza novas informações espacializadas. É muito utilizada para a reclassificação de classes de declividade ou para o cruzamento entre mapas de declividade e o uso do solo – por exemplo, reclassificando-se os resultados finais. Veja um exemplo de reclassificação na Figura 2.3 a seguir.

Figura 2.3 – Exemplo de reclassificação de área por meio do uso de SIG

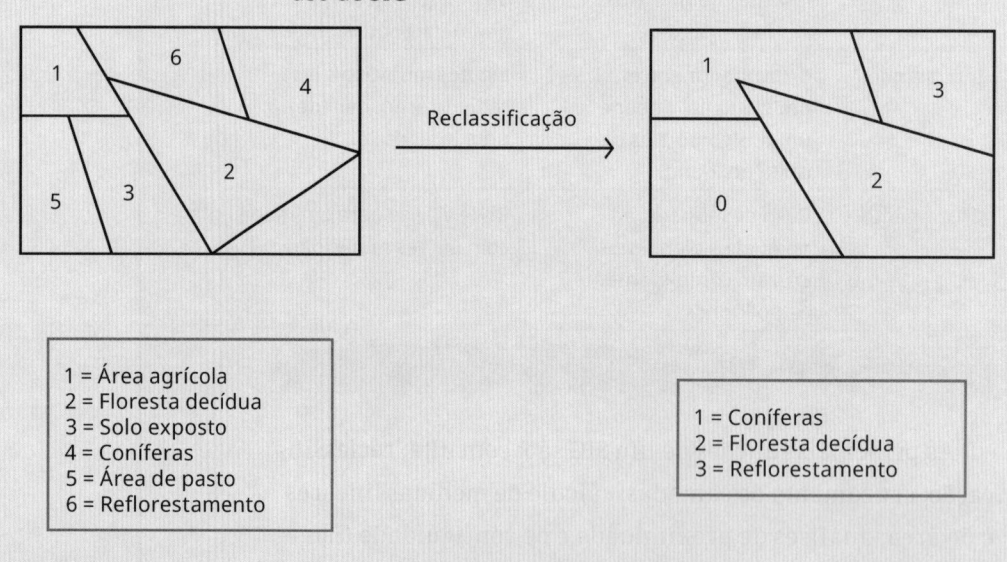

1 = Área agrícola
2 = Floresta decídua
3 = Solo exposto
4 = Coníferas
5 = Área de pasto
6 = Reflorestamento

1 = Coníferas
2 = Floresta decídua
3 = Reflorestamento

Fonte: Adaptado de Silva, 1999, p. 169.

2.5.3 Análise de proximidade

Também conhecida como *operação de proximidade*, a análise de proximidade consiste na geração de subdivisões geográficas bidimensionais na forma de faixas ou áreas, cujos limites externos têm uma distância determinada x e cujos limites internos correspondem aos limites do atributo geográfico em questão.

Essas operações podem ser determinadas de duas formas: 1) simples – quando uma única área é definida; 2) múltipla – quando várias áreas são definidas. Se um ponto no desenho representar uma escola, pode-se definir um círculo ao redor desse ponto para representar a área em cujo raio se encontra o limite de criminalidade, ou podem ser desenhados vários círculos, que representam os níveis de criminalidade ao redor dessa escola. A figura a seguir mostra os tipos de *buffer* (áreas de proximidade) mais comuns.

Figura 2.4 – Representação das operações de *buffer*, simples e múltipla

Buffer de proximidade simples

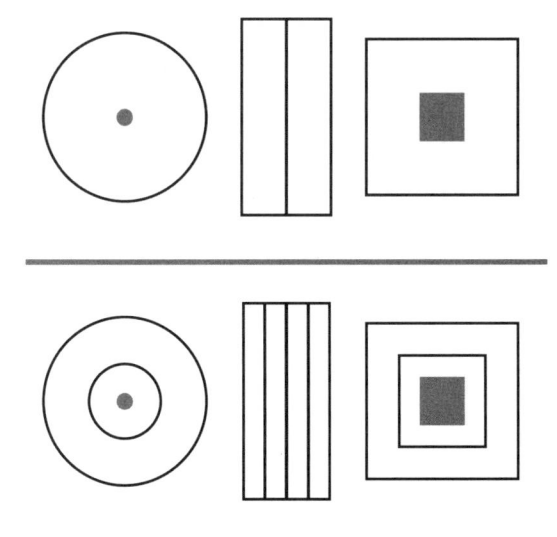

Buffer de proximidade múltipla

Fonte: Adaptado de Silva, 1999, p. 170.

2.5.4 Cruzamento de camadas

Por meio dessa função, novas camadas são produzidas a partir do cruzamento entre informações de mais de uma camada. Durante o processamento dos dados, podem ser combinadas as informações e os atributos das camadas que participam do processo ou apenas de uma das camadas.

Conforme Miranda (2010), há três tipos básicos de operações de cruzamento de camadas, com ferramentas específicas para cada *software* de geoprocessamento:

1. Operação de corte – O resultado do processo de cruzamento contém os atributos da primeira camada participante do processo e a área de abrangência da segunda camada.

2. Operação de intersecção – A camada final, resultante do processo de cruzamento, pode conter atributos de todas as camadas participantes do processo e ter a área de abrangência correspondente à intersecção entre as duas áreas cruzantes.

3. Operação de união – A camada resultante do processo de cruzamento de camadas tem a soma dos atributos e das áreas das camadas que participaram do processo.

2.5.5 Cálculo de medidas lineares e de área

Trata-se de operações para a realização de cálculos de distâncias lineares e de áreas quando se referem a objetos geográficos correspondentes a polígonos.

2.5.6 Análise de contiguidade: interpolação

A análise de contiguidade, ou interpolação, refere-se ao conjunto de procedimentos matemáticos para a geração de superfícies contínuas. Trata-se de procedimentos matemáticos utilizados para se determinar o valor de uma função matemática num ponto interno a um intervalo, ou seja, com esses procedimentos, espera-se poder estimar o valor da variável em estudo num ponto não amostrado (Silva, 1999).

Essa análise só é possível com dados que sejam autocorrelacionáveis, ou seja, que permitam uma medida de semelhança dos dados espaciais dentro de uma área. Para que a autocorrelação entre os dados no formato de imagem (com *pixels*) seja definida, são utilizados, mais comumente, dois índices: 1) Índice de Moran (IM) e 2) Índice de Geary (IG). Ambos determinam o grau de ajuste necessário quando um fenômeno for modelado pelo sistema. A maior parte dos *softwares* realiza os cálculos automaticamente, bastando que sejam selecionados a ferramenta e o método desejados.

O Quadro 2.2 sintetiza os conceitos relativos a IG e IM. Conforme Silva (1999, p. 173-174): "Em resumo, as diferenças entre IG e IM dizem respeito à média dos valores de Z (elevação). O IM é estruturado para associarmos nossa ideia convencional de correlação positiva ou negativa. O IG aproxima-se de 1 quando o padrão dos dados espaciais é próximo de uma distribuição aleatória".

Quadro 2.2 – Síntese dos conceitos de IG e IM

Conceito	IG	IM
Semelhantes, limites suaves	0 < IG < 1	IM > 0
Independentes, aleatórios – não correlacionados	IG = 1	IM < 0
Não semelhantes, contrastantes	IG > 1	IM < 0

Fonte: Silva, 1999, p. 174.

Para produzir superfícies contínuas com base em dados pontuais[5], que não são imagens, são necessários alguns tratamentos matemáticos para a exportação das características não espaciais. Nesse caso, devem ser adotados métodos adequados de interpolação.

De acordo com SIlva (1999, p. 174) "a escolha de um determinado método de interpolação é uma decorrência da disposição geográfica dos pontos e da utilização de critérios estatísticos". Os métodos de interpolação mais usados são: inverso do quadrado da distância; *krigagem*; curvatura mínima; métodos multiquadráticos; triangulação de Delaunay.

No método do inverso do quadrado da distância, os dados pontuais são ponderados no momento da interpolação; nesse caso, a influência de dado pontual em relação a outro diminui com a distância. Esse método é utilizado para atenuar a influência de pontos distantes e seu processo é baseado

---
5 Trabalharemos, no próximo capítulo, com os tipos de dados em SIG.

no pressuposto da existência de correlação espacial positiva. É um método rápido quando menos de 500 pontos do desenho são envolvidos. Uma das principais características desse método é a geração do "olho de touro", um efeito que corresponde à geração de círculos concêntricos levemente deformados.

De acordo com Silva (1999), o método da *krigagem* é um procedimento geoestatístico em que se realiza a ponderação dos atributos de volume das amostras disponíveis, sendo que os pesos ponderados são obtidos a partir da restrição de somatório igual a 1 e variância mínima. Há diversos tipos de *krigagem*, sendo que todos compreendem técnicas de regressão que diferem quanto às funções obtidas por meio dos dados que estão sendo combinados para a geração da estimativa.

No método de curvatura mínima, é gerada uma superfície suavizada, mas os dados não são tomados como grandezas verdadeiras. Por essa razão, esse método não é considerado um interpolador exato.

Os métodos multiquadráticos também produzem superfícies bastante suavizadas e são considerados os melhores métodos de interpolação, assim como o método da triangulação de Delaunay – mas este se baseia num algoritmo que cria triângulos através da ligação entre os pontos. Cada triângulo define um plano e o valor do atributo de cada ponto no interior do triângulo é obtido a partir de cálculos simples. A triangulação de Delaunay mostra melhores resultados quando os pontos envolvidos estão entre 200 e 1000.

Os Modelos Digitais de Elevação (MDEs), ou Modelos Digitais de Terreno (MDTs), derivados da aplicação dos métodos de interpolação, são alguns dos produtos mais utilizados em SIG para expressar o tipo de relevo de forma contínua. A partir de um MDT, podemos extrair informações como o aspecto e a declividade do terreno.

2.5.7 Operações de superposição (*overlay*)

As operações de superposição são exclusivamente utilizadas em SIG. Entre as principais, temos: imposição ou máscara, colagem, comparação, associação e sincronização.

A imposição é a seleção de certa área para ser analisada e observada em todos os pontos de informação. Veja o exemplo da Figura 2.5.

Figura 2.5 – Exemplo esquemático de uso da operação de imposição

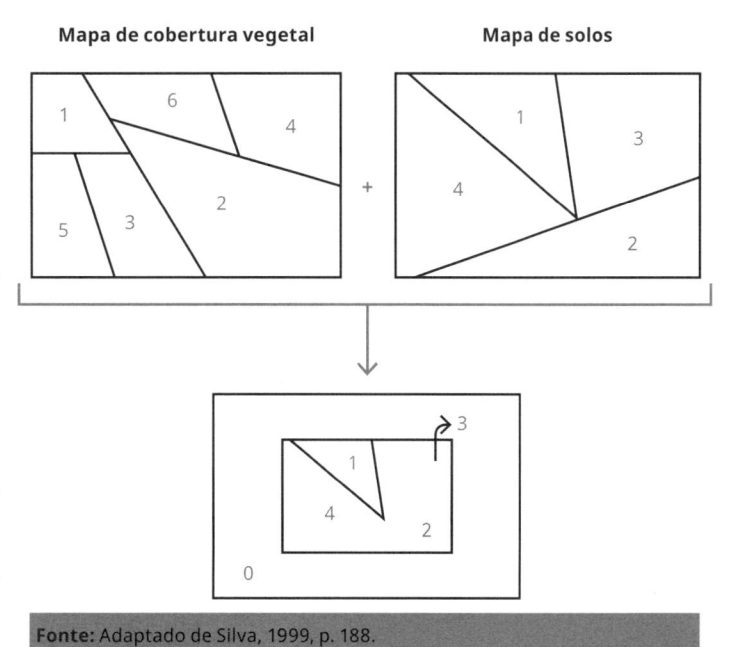

Fonte: Adaptado de Silva, 1999, p. 188.

A superposição também pode ser realizada por meio do uso de uma máscara, conforme mostra o Quadro 2.3, no qual observamos os números correspondentes aos valores de atributo resultantes da sobreposição por meio da imposição.

Quadro 2.3 – Exemplo de máscara para a realização de operação de superposição

Mapa de solos[1]					
Mapa de cobertura vegetal		1	2	3	4
	1	0	0	0	0
	2	0	0	0	0
	3	0	0	0	0
	4	1	2	3	4
	5	0	0	0	0
	6	0	0	0	0

Fonte: Adaptado de Silva, 1999, p. 188.

[1] **Nota:** Os números correspondem a atributos de informação que estão sendo cruzados.

No exemplo do Quadro 2.3, foi utilizada uma máscara para que fossem identificados os tipos de solos que se encontram associados aos tipos de cobertura vegetal. Desse modo, o mapa resultado apresenta os tipos de solos encontrados na área definida. Em ordem decrescente de extensão, temos solo tipo 2, solo tipo 1, solo tipo 4 e solo tipo 3.

A colagem ocorre quando as características geográficas de um mapa se impõem sobre as de outro mapa. No produto resultante da superposição por colagem, as regiões são preservadas, mas os atributos mudam de codificação, sem alteração das qualidades. Retomando o exemplo, quando desejamos identificar a distribuição espacial dos tipos vegetais de acordo com os tipos de solo, observamos que, pelo processo de colagem, quase todas as áreas de cobertura vegetal foram preservadas, mas todos os atributos foram mantidos. No caso da cobertura 2, parte da área recebeu novos atributos: 7 e 8.

Figura 2.6 – Exemplo esquemático da operação de colagem

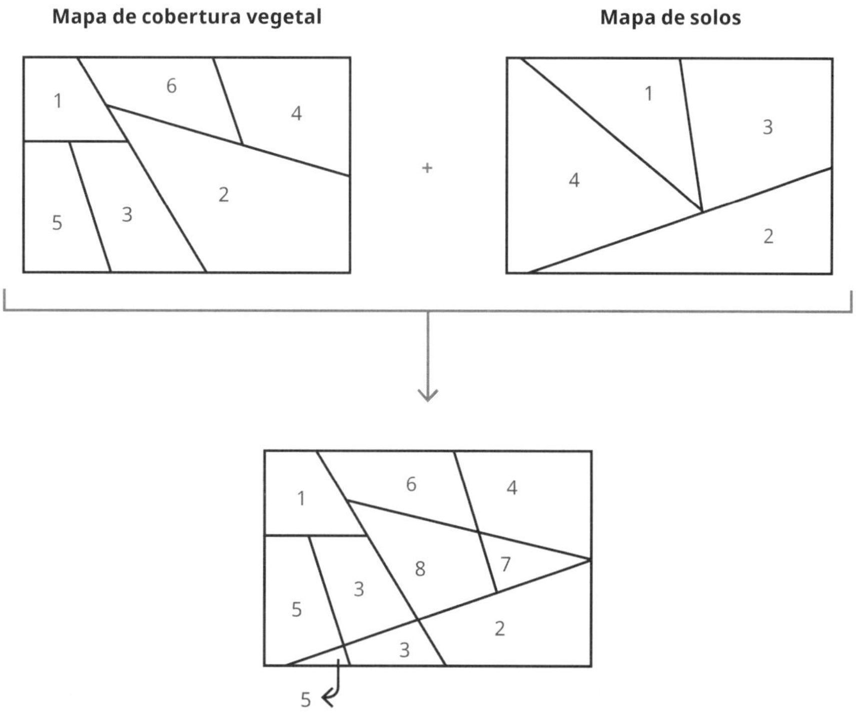

Mapa de cobertura vegetal Mapa de solos

Fonte: Adaptado de Silva, 1999, p. 189.

No caso das operações de comparação, é possível identificar áreas com os mesmos atributos, as quais serão mantidas, desde que ocupem a mesma região geográfica (áreas em que há "coincidência" de atributos). Desse modo, poderíamos sobrepor os mapas dos exemplos dados para identificar ou delimitar as regiões geográficas que têm os mesmos atributos.

Na associação, são formadas áreas mediante o controle dos atributos, com base no uso de argumentos específicos. Por exemplo: poderíamos especificar o tipo vegetal para determinado tipo de solo, observando, no resultado, as áreas onde teríamos essa sobreposição possível.

Já a operação de sincronização diz respeito ao processo de superposição de mapas em que cada intersecção dos atributos forma uma nova área, representando uma nova categoria de atributos. É como se fosse o somatório das áreas correspondentes aos dois mapas superpostos, resultando em novas áreas e em novos atributos.

2.5.8 Análises algébricas não cumulativas

Também chamadas de *análises lógicas*, as análises algébricas não cumulativas incluem a simultaneidade booleana e as operações de possibilidade *fuzzy* e de probabilidade bayesiana.

A simultaneidade booleana funciona por operações lógicas, representadas por meio símbolos ligados por relações entre si, que por sua vez são representadas por sinais matemáticos. Dessa forma, as proposições e as relações entre os símbolos são constituídas como se fossem uma expressão algébrica.

A lógica booleana baseia-se na determinação de limites para expressões consideradas falsas (atributo zero – 0) e verdadeiras (atributo um – 1). Conforme demonstrado na Figura 2.7 a seguir, as operações utilizadas nos relacionamentos entre os símbolos são as mesmas da matemática dos conjuntos: AND, NOT, OR, XOR.

Figura 2.7 – Diagrama representativo dos operadores booleanos

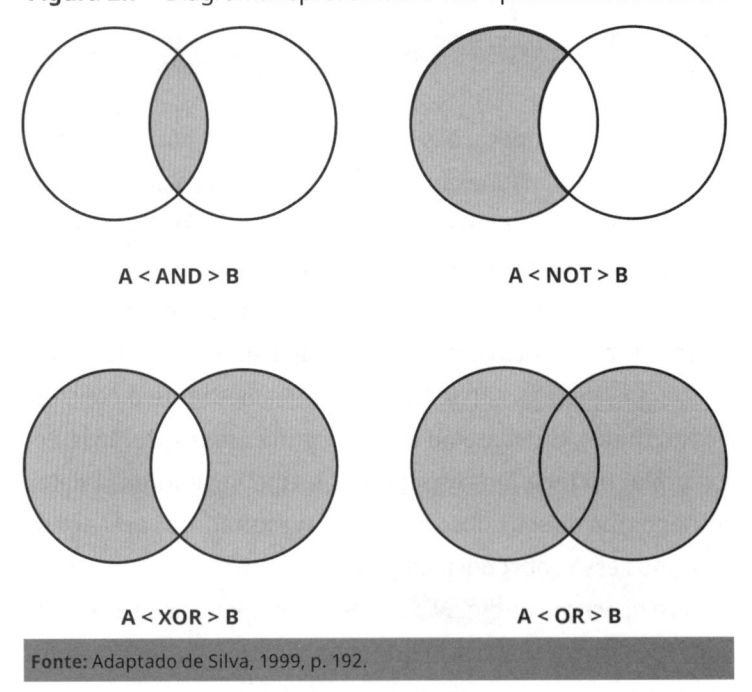

A < AND > B   A < NOT > B

A < XOR > B   A < OR > B

Fonte: Adaptado de Silva, 1999, p. 192.

Essa lógica é muito aplicada em SIG, uma vez que permite a análise rápida de áreas com simultaneidade. Se usarmos o exemplo do relacionamento entre um mapa de cobertura vegetal e um mapa de solos, poderemos propor diversos produtos a partir da lógica booleana: exclusão de determinadas áreas de cobertura vegetal, independentemente do tipo do solo; áreas equivalentes entre determinada cobertura vegetal e um tipo de solo específico – visando, por exemplo, a maiores ganhos de produtividade; outros produtos relacionados a análises geográficas que buscam respostas aos nossos questionamentos ou interesses de trabalho.

As operações de possibilidade *fuzzy* incluem os processos de lógica matemática direcionados aos cálculos de incerteza ou de aproximação. Nessa lógica de raciocínio, todos os valores pertencentes exclusivamente a uma classe assumem valores de pertinência (um – 1).

À medida que os membros afastam-se desse valor central, são estabelecidos valores de amplitude ou de pertinência com tendência a zero. A forma como cada valor de pertinência é atribuído no processo de classificação dependerá da função de pertinência – uma função que associa a cada elemento um valor no intervalo de 0 (zero) a 1 (um).

As classes resultantes podem ser naturais ou impostas. No modelo natural, ocorre a distribuição natural das observações, enquanto no modelo imposto é possível que sejam determinados os limites das classes produzidas. As operações de *fuzzy* auxiliam o estudo de áreas ou informações em que há incertezas e dúvidas. Assim, além de conjuntos bem definidos, pode haver outros conjuntos ambíguos.

As operações de probabilidade bayesiana fundamentam-se no teorema de Bayes e relacionam-se basicamente a cálculos probabilísticos.

2.5.9 Análises algébricas cumulativas

As análises algébricas cumulativas correspondem a operações de adição, subtração e divisão entre matrizes, que representam os arranjos dos dados espaciais. É importante ressaltar que os mapas resultantes dessas operações podem conter erros ou ambiguidades quanto à análise real das informações espacializadas, como exemplifica a Figura 2.8.

Figura 2.8 – Operações algébricas cumulativas

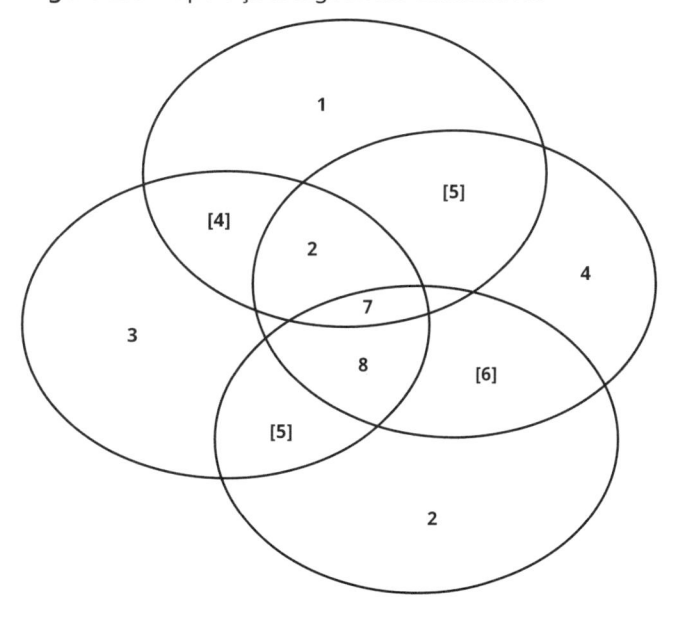

Fonte: Adaptado de Silva, 1999, p. 216.

No exemplo, observe que o atributo [4] é resultado da soma dos atributos 3 e 1, mas também representa um atributo exclusivo. Outras ambiguidades nesse exemplo mostram que a análise poderia ficar comprometida. Naturalmente, quanto maior a quantidade de informações utilizadas nos cruzamentos, maiores tendem a ser as ambiguidades e as dificuldades posteriores de análise.

Buscando minimizar essas ambiguidades, potências numéricas são aplicadas aos atributos originais. Essa medida pode contribuir para eliminar as ambiguidades, mas pode gerar algarismos muito grandes, que rompem a hierarquia original dos atributos, o que, novamente, poderia levar a interpretações equivocadas dos produtos finais, especialmente a supervalorização de resultados.

■ **Síntese**

Neste capítulo, estudamos os conceitos de SIG e a evolução histórica desse conjunto de tecnologias direcionado à análise espacial. Identificamos, ainda, os elementos essenciais para que um SIG possa funcionar adequadamente, aprofundando os conhecimentos sobre o BDG e sua importância para um SIG. Por fim, conhecemos as principais funções utilizadas pelos SIGs. Ainda que estas sejam complexas, em virtude da necessidade de aprofundados conhecimentos matemáticos, é importante que você as estude para selecioná-las de modo adequado quando for utilizar qualquer *software* de SIG.

■ **Questões para revisão**

1. De acordo com o que entendeu, defina SIG.

2. Quais as principais etapas necessárias à operacionalização de um SIG? Justifique a importância de cada uma delas.

3. Preencha as lacunas:

   a] A interpolação, ou análise de contiguidade, é um conjunto de _____ _____ usados para se determinar o valor de uma função matemática num ponto interno a um intervalo, ou seja, com esses procedimentos, é possível _____ o valor da variável em estudo num ponto não amostrado.

   b] Os avanços tecnológicos ocorridos na década de 1940, especialmente o aparecimento dos primeiros _____ _____, contribuíram para modificar os padrões clássicos da cartografia.

   c] Um BDG é o repositório de dados de um SIG, responsável pelo _____ e pela _____ de dados geográficos em suas diferentes geometrias (imagens, vetores, grades), bem como por informações descritivas (atributos não espaciais).

   d] A _____ ocorre quando as características geográficas de um mapa se impõem sobre as de outro mapa.

   e] As operações de superposição são exclusivamente utilizadas em SIG. Entre as principais, temos: _____; _____; _____; _____; _____.

4. Qual a diferença entre um BDG e um SGBD?
   a) O SGBD corresponde aos *softwares* de SIG disponíveis no mercado.
   b) O BDG consiste em uma coleção de dados que se inter-relacionam, enquanto o SGBD equivale a um conjunto de programas que facilitam o acesso aos dados contidos no BDG.
   c) Na verdade, não há diferenças; trata-se, apenas, de uma questão de nomenclatura aplicada aos SIGs.
   d) O SGBD limita o acesso a informações e dificulta o manuseio e a recuperação dos dados trabalhados; por isso o BDG é preferível para trabalhar em SIGs.
   e) Dois fatores diferenciam um SGBD de um BDG: maior segurança e integridade dos dados, no caso do BDG.

5. Se desejássemos produzir um mapa com manchas em torno de um curso d'água para delimitar as áreas de proteção ao longo das margens desse rio, qual seria a melhor operação de SIG a ser utilizada?
   a) Cruzamento de camadas.
   b) Interpolação por *krigagem*.
   c) Simultaneidade boolena.
   d) *Buffer* ou análise de proximidade.
   e) Análise algébrica cumulativa.

■ **QUESTÃO PARA REFLEXÃO**

1. Sugira exemplos práticos de aplicação das seguintes funções de SIG dentro da área ambiental: análise de proximidade e operações de superposição.

■ **Para saber mais**

CÂMARA, G.; DAVIS, C.; MONTEIRO, A. M. V. (Org.). **Introdução à ciência da geoinformação**. São José dos Campos: Ed. do INPE, 2001. Disponível em: <http://www.dpi.inpe.br/gilberto/livro/introd>. Acesso em: 26 nov. 2013.

Trata-se de um conjunto de textos diversos sobre SIG que permitirá o aprofundamento de seus conhecimentos. O material é de fácil leitura, escrito por diversos autores com ampla experiência profissional nas temáticas trabalhadas.

UFSC – Universidade Federal de Santa Catarina. Laboratório de Fotogrametria, Sensoriamento remoto e Geoprocessamento. Disponível em: <http://www.labfsg.ufsc.br>. Acesso em: 2 jan. 2014.

Este *site* apresenta, entre outros elementos, os projetos de pesquisa que estão sendo desenvolvidos e que já foram concluídos pelo LabFSG (Laboratório de Fotogrametria, Sensoriamento remoto e Geoprocessamento). Os trabalhos poderão auxiliá-lo na complementação dos conteúdos sobre SIG, além de contribuírem com exemplos de aplicação prática dos SIGs em diversas áreas do conhecimento.

Capítulo

3

Tipos ou modelos de dados espaciais

Conteúdos do capítulo:
- Modelos de dados.
- Modelos de representação espacial – classes de dados.
- Estrutura dos dados.
- Conversão entre diferentes modelos de representação de dados.
- Qualidade dos dados.

Após o estudo deste capítulo, você será capaz de:
1. identificar os principais tipos de dados aplicados em SIG;
2. conhecer as estruturas dos dados utilizados em SIG;
3. verificar a possibilidade de conversão entre dados;
4. identificar elementos que interferem na qualidade dos dados em SIG.

Por *modelos*, entendem-se as simulações dos fenômenos diversos identificados nos ambientes reais. Neste capítulo, indicaremos os principais modelos de dados usados em Sistemas de Informações Geográficas (SIGs). Todos têm como característica básica o fato de representarem uma abstração da realidade.

Nesse sentido, cada modelo de dado representará a realidade com variados graus de informação. De qualquer modo, a principal vantagem do uso de modelos de dados decorre da facilidade de estudo de quaisquer áreas por meio da redução do conjunto de complexidades e de informações consideradas para a área em questão.

Um modelo de dados pode ser entendido como uma coleção de conceitos aplicados na descrição de um grupo de dados, além das operações necessárias para manipulá-los. Em SIGs, são utilizados modelos de dados geográficos, ou seja, conjuntos de dados que representam certo fenômeno geográfico.

Desse modo, de acordo com Miranda (2010), é importante analisarmos três questões: 1) Quais são os fenômenos geográficos que podem ser identificados de forma individualizada?; 2) Quais são os atributos que podem ser medidos ou especificados?; 3) Quais são as coordenadas geográficas que podem ser registradas?

A partir da resolução dessas três questões, é possível determinar os modelos de dados que serão utilizados para trabalho no ambiente SIG. Outra questão relevante diz respeito aos níveis de abstração necessários para se construir modelos da realidade. Peuquet (1990) sugere quatro níveis:

1. A realidade – O fenômeno em si, como ele é, inclusive com os aspectos que talvez não sejam percebidos pelos indivíduos.
2. O modelo de dados – A abstração do mundo real com o uso de propriedades que sejam necessárias à aplicação em questão; trata-se de um conceito da realidade.
3. A estrutura dos dados – É a representação do modelo de dados, normalmente expressada sob a forma de diagramas, tabelas, listas ou arranjos que refletem os dados registrados no computador.
4. A estrutura dos arquivos – É a representação dos dados em arquivos no computador.

Já Câmara et al. (1996) sugerem, conforme representado na Figura 3.1, a seguinte estruturação dos níveis de abstração (praticamente a mesma proposta por Peuquet, mas com diferentes nomenclaturas):

Figura 3.1 – Estruturação dos níveis de abstração em SIG para a construção de modelos da realidade

- Níveis de abstração
- Nível de implementação
- Nível de representação
- Nível conceitual
- Mundo real

Fonte: Baseado em Câmara et. al., 1996.

Segundo Navathe, citado por Lisboa Filho e Iochpe (1999, p. 69):

> Os modelos de dados podem ser classificados, basicamente, em duas dimensões. Na primeira dimensão, os modelos de dados são classificados em função da etapa de desenvolvimento do projeto do banco de dados em que o modelo é utilizado (ex.: projeto conceitual, lógico e físico). A segunda dimensão classifica os modelos de dados quanto a sua flexibilidade e poder de expressão. [...] o termo flexibilidade refere-se, neste contexto, à facilidade com a qual o modelo pode tratar com aplicações complexas, enquanto que a expressividade refere-se à habilidade de gerar diferentes abstrações em uma aplicação.

Em SIG, quando se constroem modelos de dados geográficos, ou seja, modelos representativos de fenômenos geográficos, normalmente trata-se de fenômenos antropogênicos (alterados pelo homem, tais como unidades de terra, cabos da rede elétrica, dutos condutores de água ou esgoto, oleodutos, áreas agrícolas, edificações etc.). Cada um desses elementos representa uma entidade, composta de três partes: 1) tipo, 2) atributo e 3) relações.

O tipo classifica a entidade de maneira única, sem que uma entidade se confunda com outra. Por exemplo: uma entidade classificada como "área urbana" terá propriedades diferentes daquela classificada como "área rural". O tipo ainda pode ser classificado de acordo com categorias. Assim, como uma subdivisão do tipo "área rural", poderíamos ter as categorias "área agrícola", "área de pastagens" etc. Desse modo, todas as entidades inseridas em determinada área geográfica pertencem a uma única categoria daquele tipo.

O modelo de dados mais simples a representar uma entidade utiliza dois elementos básicos: localização geográfica e atributo. Determina-se a localização geográfica pelas coordenadas do ponto. Já o atributo corresponde às características da entidade, podendo apresentar-se sob grafia textual ou numérica.

Consideremos o exemplo de uma entidade que representa uma "unidade de saúde". Sua localização geográfica será expressa por um par de coordenadas e seus atributos poderão ser informações como nome, bairro, quantidade de pacientes atendidos por dia, pacientes que se encontram internados, quantidade de funcionários, classificação desses funcionários de acordo com a função etc.

Normalmente, entidades dispõem ainda de relações, tais como pertinência, localização e vizinhança. Trata-se de relações percebidas apenas pelo usuário, uma vez que a maioria dos *softwares* não consegue distingui-las.

Utilizando o exemplo anterior, poderíamos pensar numa relação de proximidade ou de vizinhança entre a "unidade de saúde" e um "hospital universitário". É possível utilizar funções de SIG, as quais atuariam tanto no atributo quanto na localização geográfica.

Conforme Miranda (2010), os tipos mais comuns de relacionamentos espaciais são os seguintes:

- Relacionamentos métricos – Incluem os possíveis relacionamentos entre os atributos espaciais (geométricos) das entidades. Um exemplo é o relacionamento de distância entre coordenadas geográficas, que permite a execução de operações com base no conceito de proximidade.
- Relacionamentos topológicos – Propriedades topológicas são aquelas que se mantêm inalteradas após distorções (exemplo: mudança de projeção). Os relacionamentos topológicos referem-se aos relacionamentos que não dependem exclusivamente das coordenadas dos objetos (exemplo: adjacência).
- Relacionamentos de composição – Ocorrem quando o componente espacial de um objeto é composto de outros objetos espaciais (objetos complexos).

Na visão dos objetos, os fenômenos geográficos são representados por objetos espaciais geometricamente retificados, mas também tratados como objetos cartográficos com atributos. Objetos cartográficos são os componentes geométricos básicos da cartografia e dos bancos de dados do SIG, que definem três entidades geométricas fundamentais: 1) pontos, 2) linhas e 3) áreas.

Conforme Lisboa Filho e Iochpe (1999, p. 80):
uma superfície contínua pode ser representada, por exemplo, através de modelos numéricos, conjuntos de isolinhas, polígonos adjacentes e grade de células. Um SIG fornece diferentes tipos de modelos de representação, os quais permitem ao usuário representar os diversos tipos de fenômenos geográficos. O modelo de representação a ser usado depende da finalidade da aplicação e das características do fenômeno.

O critério que diferencia os tipos de representação dos objetos espaciais é, especialmente, a dimensionalidade. A distância é a dimensão geográfica principal. Pontos não têm dimensão geográfica, enquanto linhas têm uma dimensão, polígonos apresentam duas e áreas apresentam três. Na sequência, estudaremos essas classes de dados espaciais mais detalhadamente.

3.1 Classes de dados espaciais[1]

Ponto é a representação gráfica mais simples de um dado geográfico. Ele representa um fenômeno que ocorre em apenas um local do espaço (escolas, hospitais, poços artesianos, postes de energia, casos de determinada ocorrência, entre outros).

Pontos representam unidades discretas, ou seja, só pode haver uma escola no mesmo lugar, em determinado tempo (o tempo é importante, pois a escola pode ser demolida, dando lugar a uma praça, um hospital, um conjunto residencial, uma indústria etc.).

Apesar de não terem dimensão, os pontos pode ser representados mediante o uso de símbolos. O que determina se um objeto deverá ser representado sob a forma de ponto ou de polígono é a escala de representação trabalhada. A sede municipal, por exemplo, pode ser representada por um ponto (escala macro) ou por uma área – polígono (escala micro).

Linhas conectam, no mínimo, dois pontos. A localização da linha é descrita por um conjunto de coordenadas que definem a trajetória espacial daquele dado. As linhas podem representar estradas, rios, linhas férreas, fronteiras, curvas de nível, entre outros fenômenos que tenham comprimento. A linha não apresenta largura verdadeira, a não ser que essa informação seja inserida como um atributo verdadeiro na tabela de atributos do dado geográfico em questão.

Polígonos são usados para representar objetos e fenômenos definidos em duas dimensões: lago, floresta, área urbana, área agrícola. A dimensão física em relação à escala cartográfica determina se o objeto será representado por polígonos ou por pontos. Polígonos são delineados por, no mínimo, três linhas conectadas.

Os polígonos podem ser de três tipos: 1) polígonos isolados (uns distantes dos outros), 2) polígonos adjacentes (há compartilhamento de pelo menos uma fronteira) e 3) polígonos aninhados (uns inteiramente dentro de outros).

Áreas são representações em três dimensões. A representação mais comum de área é a do relevo de uma região. Além das coordenadas de localização geográfica, são armazenadas informações de altitude (valor genérico z). Quando se coletam, em campo, diversos pontos representativos das altitudes de uma área, essa série de pontos pode ser codificada com base em sua interpolação (função de SIG), compondo como resultado os contornos que representam a superfície do terreno. A partir de um modelo de superfície do terreno, diversas informações podem ser determinadas, como pontos mais elevados, limites de microbacias, porções de terra abaixo ou acima de determinada elevação.

Considerando-se que uma superfície é composta por um número infinito de valores possíveis de altitude, podemos dizer que a superfície é uma representação geográfica "contínua", na qual os valores estão distribuídos, sem interrupção, ao longo da superfície.

---
1 As informações desta seção foram elaboradas com base na leitura de Silva (1999).

Essas classes de dados espaciais (pontos, linhas, polígonos e superfícies) estão consolidadas em dois modelos ou estruturas de representação dos dados: matricial e vetorial.

A palavra *matricial* é sinônima do termo inglês *raster* (não há tradução para esse termo em português, mas muitos traduzem a expressão *rasterizing*, que significa "varredura"). Outro termo que veremos na sequência é *pixel* (*picture element*), comumente traduzido para "célula".

3.2 Estruturas de representação de dados

Há dois modelos de estrutura de representação de dados, conforme demonstrado na Figura 3.2: 1) matricial e 2) vetorial. Esses modelos se diferenciam conforme as classes de dados espaciais utilizadas para representar os objetos geográficos (Miranda, 2010).

Figura 3.2 – Classes de dados espaciais conforme a estrutura de representação

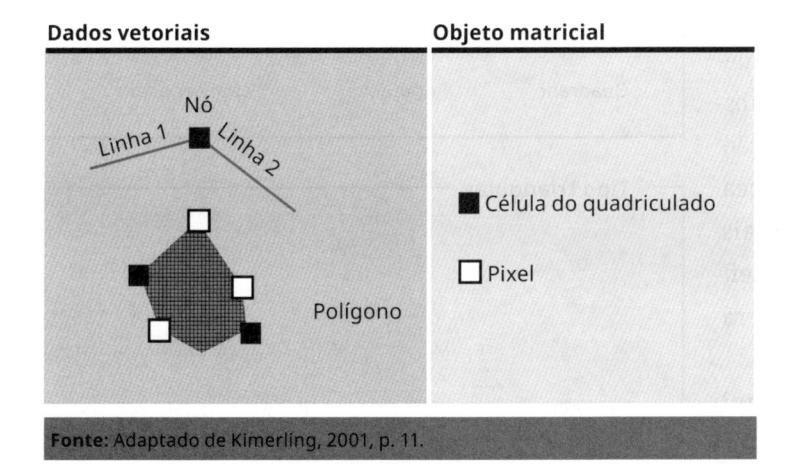

Dados vetoriais

Nó
Linha 1
Linha 2
Polígono

Objeto matricial

■ Célula do quadriculado
☐ Pixel

Fonte: Adaptado de Kimerling, 2001, p. 11.

3.2.1 Estrutura matricial ou *raster*

A estrutura matricial representa a realidade com base em superfícies projetadas com um padrão regular. Trata-se de uma subdivisão de superfícies bitridimensionais ou tridimensionais em um conjunto de figuras geométricas básicas que cobrem completamente a superfície sem falhas ou sobreposições.

Assemelha-se a um tabuleiro de xadrez com uma grade regular de células. A grade é regular porque impõe limites precisos, sendo que cada célula têm dimensões e forma geométrica iguais. O termo *matricial* vem da matemática (álgebra linear), que estuda as matrizes como um conjunto de números (índices) que são referenciados de forma única por um par de coordenadas (uma horizontal e outra vertical). A coordenada horizontal é conhecida por *linha*, e a vertical, por *coluna*.

As matrizes podem apresentar-se sob a forma geométrica de um quadrado ou de um retângulo. Em SIG, as estruturas matriciais são constituídas por índices denominados *células* – representações numéricas de fenômenos geográficos abstraídos da realidade. A abstração se dá pelo parcelamento da área de estudo nessas células, as quais são preenchidas com um valor definido e limitado que corresponderá ao fenômeno representado.

A representação matricial pode definir quaisquer formatos geométricos para as células, desde que elas sejam iguais para todo o conjunto da representação e estejam interconectadas, apresentando superfícies planas ao longo da área de estudo. É importante frisarmos, contudo, que a forma mais comum para as células é o quadrado.

O formato quadrado é usado, sobretudo, em mapeamento digital e em SIG, além de ser utilizado para a representação da subdivisão da verdadeira superfície terrestre tridimensional em uma rede triangular irregular (estrutura TIN).

Esse formato é também conhecido como *grade* ou grid *de células*, as quais geralmente são regulares (Figura 3.3). Nesse caso, cada célula da matriz apresenta um valor próprio de atributo.

Quando se trata de mapas temáticos, cada célula da matriz possui valor de atributo de tema e, então, a matriz é denominada *Plano de Informação* (PI).

Figura 3.3 – Representações do modelo grade de células

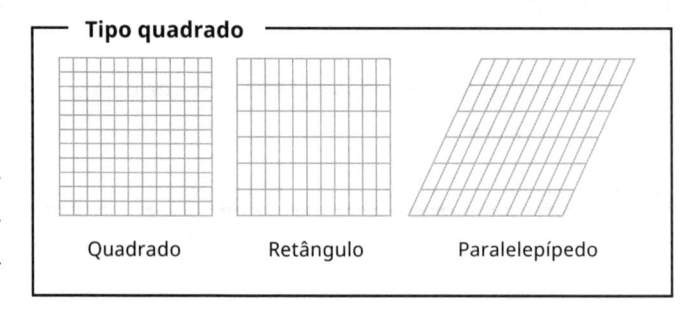

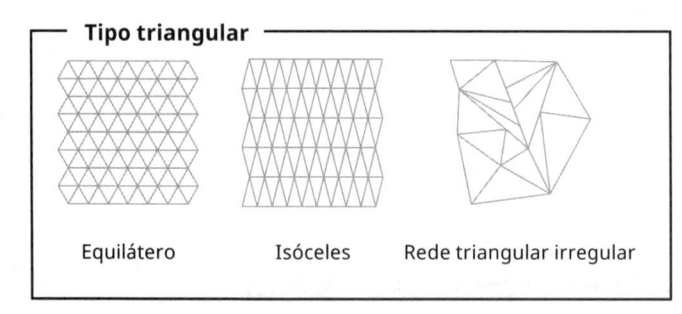

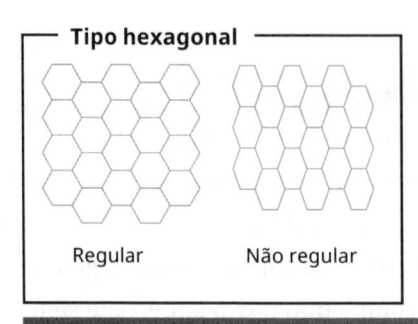

Fonte: Adaptado de Kimerling, 2001, p.13.

Ao trabalharmos com um PI referente à rede de drenagem de uma área em um município, por exemplo, o conjunto de valores 1 (um) poderia ser representativo das células em que há água e o conjunto de valores 0 (zero) indicaria a ausência de água. Se quiséssemos saber sobre a qualidade da água em corpos d'água (lagos, rios etc.), poderíamos utilizar outros valores para essas células; caso estivéssemos medindo a quantidade de materiais sólidos flutuando sobre os corpos líquidos, diferentes valores seriam atribuídos às células que contém valor 1 (um). Assim, inúmeros outros fenômenos podem ser representados sob essa forma de estruturação de dados geográficos.

Uma possibilidade comum para a estruturação de dados tem sido organizá-los sob a forma de árvore quaternária (Figura 3.4), na qual há subdivisões sucessivas das células da grade. O interessante nesse modelo é que o tamanho da matriz ou da grade de células pode ser emparelhado ao tamanho da feição.

Figura 3.4 – Representação do modelo de grade de célula em árvore quaternária

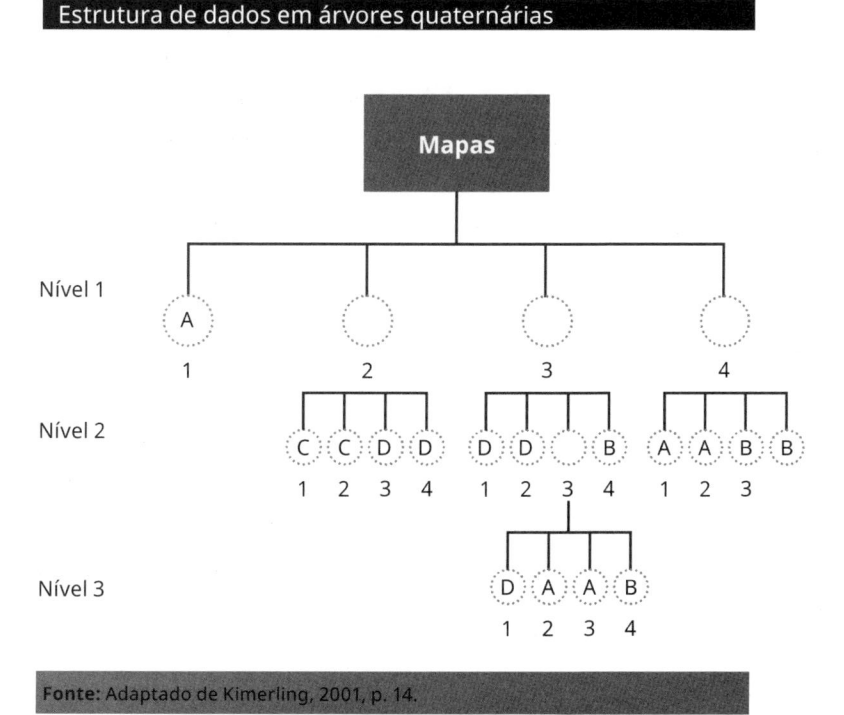

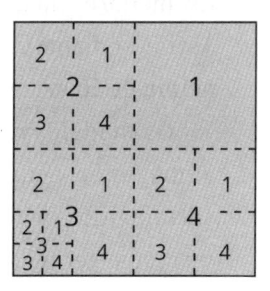

Fonte: Adaptado de Kimerling, 2001, p. 14.

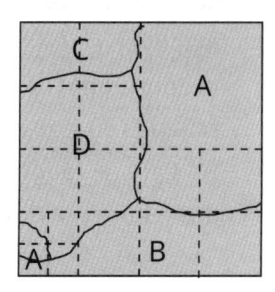

É possível representar, dessa forma, tanto áreas grandes e homogêneas quanto áreas pequenas. A estrutura matricial hierárquica minimiza redundâncias causadas pelas grandes variações nas áreas superficiais de feições diferentes.

Quando trabalhamos com dados espaciais, em quaisquer formatos, outro conceito importante é o de resolução espacial, que trata da relação entre a área de observação e o número de observações.

A alta resolução está associada à maior discriminação de elementos ou ao maior número de observações. Logo, a baixa resolução está associada à pequena discriminação dos elementos e ao menor número de observações.

A resolução espacial é determinada pelo tamanho das células. Células de 10 m por 10 m, por exemplo, determinam resolução espacial de 100 m². Tomando por base essa resolução, não será possível distinguir objetos menores do que essa área determinada. Assim, somente valores (objetos geográficos) acima de 10 m² serão apresentados.

Os modelos *raster* são adequados para armazenar e manipular imagens de sensoriamento remoto (imagens da superfície terrestre geradas a partir da detecção e do registro, por um sensor transportado em um veículo aéreo ou orbital, da radiação eletromagnética refletida ou emitida por uma área da superfície terrestre). Nesse caso, os atributos dos *pixels* (células) representam um valor proporcional à energia eletromagnética refletida ou emitida pela superfície terrestre.

Para a identificação e a classificação dos elementos geográficos, é necessário recorrermos às técnicas de Processamento Digital de Imagens (PDI) e de fotointerpretação.

3.2.2 Estrutura vetorial

Nesse modelo de estruturação dos dados, os fenômenos reais são divididos em elementos claramente definidos. Cada elemento é representado por um objeto identificável, com geometria própria de pontos, linhas, polígonos e áreas. Assim, todas as posições, comprimentos e dimensões podem ser exatamente determinados.

A denominação *vetorial* deriva do fato de que, nessa estrutura de representação dos dados, as entidades são definidas (pontos, linhas, polígonos e áreas) e geograficamente referenciadas por coordenadas cartesianas. Em matemática, um vetor é uma linha reta, com direção e magnitude; num mapa digital, um vetor é uma linha reta entre dois pontos.

Há casos de dados vetoriais estruturados no formato de linhas, as quais, ao menos em parte, podem ser descritas por funções matemáticas, em vez de coordenadas cartesianas, exclusivamente – é o caso das curvas *spline*².

Os dados poligonais podem ser estruturados em formatos variados, mas os modelos mais comuns são os seguintes: total, topológico, *spaghetti*, *Dime* (*Dual Independent Map Encoding*), DGL (*Digital Line Graphs*) e relacional.

O modelo total é a forma mais simples de estruturação de dados poligonais. Cada polígono é codificado em coordenadas X e Y e não há relações matemáticas entre os objetos.

---

2 Curvas *spline* são curvas definidas por um ou mais pontos de controle. Cada ponto de controle dessa curva denomina-se *nó* (Dias, 2014).

Normalmente, são os arquivos resultantes de *softwares* de CAD.

Já na estrutura topológica, os elementos são divididos em arcos e linhas. O início, o término ou o encontro de arcos são denominados *nós* e as relações matemáticas entre os objetos são mantidas. A estrutura topológica dos dados vetoriais está baseada na codificação de todas as linhas como cadeias, acrescentando-se informações à esquerda e à direita dos polígonos da cadeia, no sentido do início para o fim do nó (Figura 3.5).

Figura 3.5 – Estrutura topológica de dados vetoriais

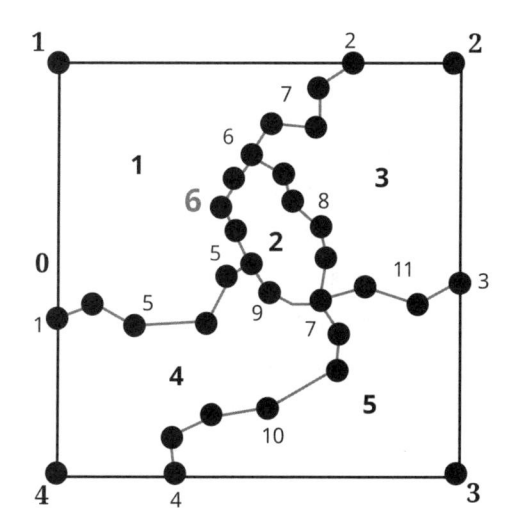

As relações matemáticas entre os objetos são registradas em tabelas: uma para área, outra para arcos, outra para nós e uma quarta tabela para as coordenadas. Por convenção, os arcos que definem os limites de cada polígono são codificados em sentido horário. As relações topológicas podem ser resumidas em:

- Pertinência – Os arcos definem os limites dos polígonos fechados, delimitando uma área.
- Conectividade – Os arcos são conectados com outros por meio de nós, permitindo a identificação de rotas e de redes, como rios e estradas.
- Contiguidade – Os arcos comuns definem a adjacência entre polígonos.

O modelo *spaghetti* é bastante simples e adequado para a representação de mapas, mas apresenta dados redundantes, uma vez que as linhas comuns a dois polígonos são armazenadas duas vezes e as relações espaciais não são arquivadas, ou seja, não são codificadas. Isso ocorre porque qualquer polígono adjacente a outro precisa ter pedaços de *spaghetti* (arcos de fronteiras entre os polígonos) separados para lados adjacentes. Esse modelo é a tradução direta do mapa analógico, linha por linha.

Embora o nome seja esquisito, o modelo *spaghetti* traduz bem a forma como os dados ficam estruturados: cada parte do *spaghetti* age como uma entidade simples, curta para pontos, longa para segmentos de reta e coleções de segmentos de retas que se juntam no início e no fim de áreas vizinhas. O *software* Idrisi® trabalha com esse modelo para arquivar e representar PIs.

O modelo Dime foi desenvolvido para incorporar informações topológicas de áreas urbanas para uso em análises demográficas. Nesse modelo, cada segmento é armazenado com três componentes essenciais: 1) nome do segmento (por exemplo, nome da rua) que o identifica; 2) nome para identificação dos nós (com codificação para o início e o final dos segmentos); e 3) um componente indicativo dos polígonos, indicando se estes estão à direita ou à esquerda de determinado segmento.

O modelo DGL subdivide os dados em níveis temáticos: informações sobre os limites políticos e administrativos de uma região; rede de drenagem; rede de transporte; uso e ocupação do solo. Nesse modelo, além de nós e arcos, utiliza-se outro elemento, denominado *linha degenerada* – uma linha de comprimento zero, utilizada para definir feições indicadas num mapa por meio de pontos.

Nesse caso, cada área pode ter um ponto associado que representa suas características. Os códigos e os atributos são estruturados de modo específico, sendo que, no código maior (com três dígitos), os dois primeiros dígitos representam a categoria geral do elemento e o terceiro fornece detalhes extras sobre o elemento. Já nos códigos menores (com quatro dígitos), o primeiro dígito normalmente é zero e os demais fornecem dados adicionais sobre o elemento.

É interessante citarmos que, no início da década de 1990, realizou-se uma junção entre os modelos Dime e DGL para a geração de arquivos que combinassem as estruturas em que os atributos são arquivados separadamente e com topologia, facilitando a análise dos dados obtidos nos censos demográficos daquela década.

Enquanto no modelo matricial (*raster*) o atributo do dado espacial está associado ao próprio PI (no caso do uso do solo, por exemplo, cada célula da matriz armazena um valor que identifica unicamente cada tipo de uso do solo – numa só estrutura estão o dado espacial e seu atributo), no modelo vetorial são combinadas entidade e dado espacial com seu atributo (o dado não espacial).

Na estrutura vetorial, o atributo é mantido num arquivo separado e deve ser relacionado/ligado com a informação espacial. Portanto, nesse modelo há duas formas de estrutura de armazenamento, em vez de uma, como no caso do modelo matricial.

Embora haja, no modelo vetorial, uma melhor representação da localização dos objetos geográficos, a precisão é relativa. Isso porque dificilmente o número de coordenadas ou de pontos (para linhas e polígonos complexos) será suficiente para uma representação fiel da realidade.

Basta pensarmos que uma rodovia nacional pode ser representada num mapa por uma linha, assim como um rio pode ser representado com diferentes larguras ao longo de seu percurso. Assim, quanto maior for o objeto a ser representado, o ideal é que muitos pontos sejam vetorizados (processo de desenho no *software*).

O Quadro 3.1 a seguir apresenta informações comparativas que sintetizam as informações mais importantes sobre os modelos de estruturação de dados.

Quadro 3.1 – Comparação entre os modelos matricial e vetorial

Modelo matricial	Modelo vetorial
▣ A estrutura de dados é simples.	▣ A estrutura de dados é complexa.
▣ As operações de superposição são facilmente executadas.	▣ A codificação da topologia é eficaz, facilitando análises de redes.
▣ As operações matemáticas são executadas com precisão.	▣ Modelo recomendado para gráficos que devam se aproximar de desenhos feitos à mão.
▣ As operações de modelagem e simulação são facilitadas – ótimo para análises de áreas.	▣ Apresenta alta precisão geométrica.

Fonte: Baseado em Miranda, 2010.

3.3 Conversão entre dados

Todos os *softwares* de SIG contam com ferramentas para conversão entre os formatos matricial (*raster*) e vetorial. No processo de conversão do formato matriz para o formato vetor, as áreas que contêm o mesmo valor de célula são convertidas para polígonos com valores de atributos equivalentes aos valores das células. No processo de conversão do formato vetor para o formato matriz, cada célula de um polígono recebe valor igual ao do atributo do polígono (Silva, 1999).

No processo de conversão, dados pontuais podem ser transformados em superfícies contínuas – dados *raster* – por métodos de interpolação; já dados que são escaneados podem ser convertidos em informações vetoriais pelo processo de vetorização (Silva, 1999).

Durante os processos de conversão de dados, muitos problemas podem surgir. Por exemplo: durante a conversão do formato matricial para o vetorial, surgem dificuldades porque, no formato matricial, a precisão geográfica é baixa, ao contrário do formato vetorial (Miranda, 2010). Além disso, na transformação, é necessário criar as informações topológicas essenciais ao formato vetorial, além de identificar os atributos individuais. Diferentes *softwares* de SIG produzirão resultados diferentes nesse processo de conversão, ainda que usem a mesma base original de dados.

No processo de conversão do formato matricial para o formato vetorial, algumas características são importantes, como rapidez, qualidade da saída e precisão. É muito comum que os produtos resultantes da transformação adquiram a aparência "dente de serra", como se tivessem sido picotados. Naturalmente, algumas informações perdem-se no processo; assim, os dados transformados sempre serão menos precisos que os originais.

Já as conversões de formatos vetoriais para matriciais são consideradas mais simples, uma vez que nem todas as informações topológicas dos dados vetoriais precisam ser transferidas para o dado matricial (Miranda, 2010). Podem ser criados, no processo, vários PIs a partir de um único plano vetorial. É importante que você saiba que, nesse tipo de conversão, o dado vetorial é processado entidade por entidade e os valores das células são atribuídos à medida que são encontrados. Desse modo, a imagem é construída célula por célula.

A atribuição dos valores das células pode se basear em diversos critérios, variando de acordo com a natureza do atributo do dado. No caso de vetores do tipo ponto, a célula correspondente no formato matricial terá, em seu centro, as coordenadas geográficas, e será codificada com o atributo do ponto.

Dificilmente a localização do ponto original coincidirá com o centro da célula. Assim como no processo de conversão, são ignorados os problemas derivados de vários objetos que ocupam a mesma célula. Por essas razões, as conversões do tipo matricial-vetorial não são utilizadas com muita frequência.

Para a conversão de dados lineares, costuma-se identificar as células que são cortadas pelas linhas, codificando-as de acordo com o atributo associado à linha. Quando os segmentos não contém estruturação em linhas e colunas, a representação matricial mostrará uma distorção conhecida como *efeito escada*.

Tal distorção pode ser minimizada com o uso de dois procedimentos principais, conforme indica Silva (1999): 1) utiliza-se um conjunto de dados matriciais finais com maior resolução espacial e 2) modifica-se o contraste das células adjacentes.

Já para as conversões de polígonos, normalmente há duas fases para transformá-los em dados matriciais. Inicialmente, são transformadas as linhas e os arcos dos limites dos polígonos (pelos processos anteriormente descritos), etapa em que são produzidos os chamados *esqueletos de polígonos*. Na sequência, os elementos matriciais contidos nos limites dos polígonos são registrados com atributos específicos.

A falta de padrões nacionais e mundiais para dados adquiridos previamente é um grande obstáculo para o uso e o intercâmbio de dados cartográficos digitais em SIG. Várias nações estabeleceram comitês, como o NCDCDS (National Committee-Digital Cartographic Data Standards) norte-americano, para desenvolverem padrões de dados. Conforme Aronoff (1995), três dimensões principais têm emergido na adoção de padrões mundiais:

1. Terminologia padrão – Padronização dos objetos cartográficos, das definições de entidades (fenômenos do mundo

real) e atributos e valores dos atributos que os descrevem. Por exemplo: a entidade "ponte" pode ter um valor de atributo "aço".

2. **Especificação de transferência de dados espaciais** – Diz respeito à padronização de formato dos dados e à especificação de elementos como entidades e atributos. Em relação a esses dois últimos, é importante que informações referentes aos tipos de dados e aos atributos associados a cada entidade sejam fornecidas.

3. **Especificação da qualidade dos dados** – Trata-se de informações referentes à fonte dos dados em uso e à qualidade destes. Em relação à qualidade dos dados, podem ser inseridas informações sobre conversão de dados (analógico para digital, entre diferentes formatos, entre projeções cartográficas etc.), data de elaboração do produto, estimativas de erros (de posicionamento geodésico, por exemplo), entre outras.

De posse dessas informações, o usuário poderá avaliar a aplicação dos dados conforme seus propósitos. A qualidade dos dados é muito importante, pois pode interferir no resultado do produto final, bem como em processos de conversão que eventualmente sejam necessários. Nesse sentido, discutiremos na sequência as principais questões que envolvem a qualidade dos dados e os erros em SIG.

3.4 Qualidade dos dados e dos erros

Dados com erros podem surgir nos SIGs devendo sempre ser identificados e tratados. Os erros podem ser introduzidos já no BD, quando ainda estão nas fontes originais dos dados. Os erros podem acontecer, ainda, durante os processos de obtenção (captura) e armazenamento dos dados ou durante os processos de geração, exibição ou impressão destes.

Significativos erros acontecem, ainda, em virtude de resultados errôneos nas operações de análise de dados. As aplicações de SIG diferenciam-se das demais aplicações com o uso de banco de dados porque utilizam grande volume de dados que são importados de outros sistemas, muitas vezes de outras organizações (oriundas até mesmo de outros países). Esse fenômeno gera, frequentemente, problemas tanto para a conversão das informações quanto para a confiabilidade dos dados.

O padrão americano para troca de dados espaciais (SDTS – *Spatial Data Transfer Standard*) requer um relatório de qualidade que forneça uma base para que o usuário faça seu próprio julgamento sobre a qualidade do dado importado (Aronoff, 1995). Os aspectos da qualidade fazem parte de um conjunto maior de dados, que são elaborados para possibilitar o compartilhamento de dados em aplicações de SIG.

Encontramos na literatura diversas tentativas de padronização do formato de descrição de dados, denominados *metadados*. No tocante ao projeto conceitual, porém, pouco avanço tem sido observado. Os modelos Modul-R (Hadzilacos; Tryfona, 1996) e Giser (Shekhar et al., 1997) apenas citam a necessidade de se manter dados de qualidade, mas não descrevem como isso é feito.

Ram, Park e Ball (1999) apresentam uma proposta de uso de metadados com o objetivo de acesso aos dados por meio de um modelo semântico (USM – *Unifying Semantic Model*), em vez de comandos disponíveis em SIG.

É importante salientarmos que os produtos finais devem ser criteriosamente avaliados, tendo em vista a adequação a padrões internacionais de apresentação cartográfica. Em SIG, costuma-se gerar mapas com excelente qualidade visual, mas que podem conter informações comprometidas em virtude de erros e imprecisões ou do uso inadequado de elementos cartográficos. Elementos como cores, simbologias, tamanhos e textos devem ser observados, visando à qualidade das informações apresentadas.

Alguns padrões sugeridos por Aronoff (1995) seguem os seguintes critérios: os nomes devem ser legíveis e facilmente associados às feições que descrevem; a hierarquia das feições pode ser apresentada por diferentes tamanhos de fontes; não devem ser produzidas áreas com grande densidade de nomes, e estes não devem ser inseridos de forma esparsa.

Feições pontuais devem ter o elemento textual colocado acima e à direita da feição (a posição textual abaixo e à direita da feição é menos comum internacionalmente; a posição do texto à esquerda da feição não é aceita segundo os padrões mundiais de cartografia). Descrições na vertical devem aparecer em pequena quantidade, quando essa disposição for necessária. A identificação de polígonos deve ser feita com palavras centralizadas, sendo permitida a orientação curva acompanhando as formas dos polígonos.

Outra importante observação, tendo em vista a qualidade dos produtos finais e a redução de erros, refere-se à escala de saída, que deve ser compatível com os arquivos originais de entrada.

Miranda (2010) sugere três principais tipos de erros em SIG: 1) erros que independem do processamento do SIG: são erros extrínsecos ao SIG e referem-se à coleta de dados que pode ter sido inadequada, sem muita precisão ou como resultado da não aferição de instrumentos técnicos utilizados; 2) erros que aparecem durante o processamento dos dados pelo SIG: são erros intrínsecos ao SIG e que ocorrem como resultado, por exemplo, da imprecisão na entrada dos atributos às feições; esse tipo de erro pode ser minimizado por rotinas de verificação e acompanhamento criterioso de cada etapa de elaboração dos produtos finais; 3) erros nos métodos utilizados para coletar dados: são erros extrínsecos ao SIG e sugerem cuidado quando da coleta dos dados, especialmente quanto à fonte das informações originais e à organização para a seleção de informações que realmente sejam relevantes ao processo que se pretende aplicar em SIG.

Síntese

Modelos de dados geográficos

Entidade
- Tipo: "Área rural", "área agrícola".
- Atributo: informações sobre a entidade.
- Relações: pertinência, contiguidade, conectividade.

Vetoriais
Ponto
Linha
Polígono
Superfícies

Matriciais/*raster*
Grade regular de células
Coordenadas: linhas e colunas
Os fenômenos são representados por grupos de células adjacentes de mesmo valor
O espaço é todo coberto

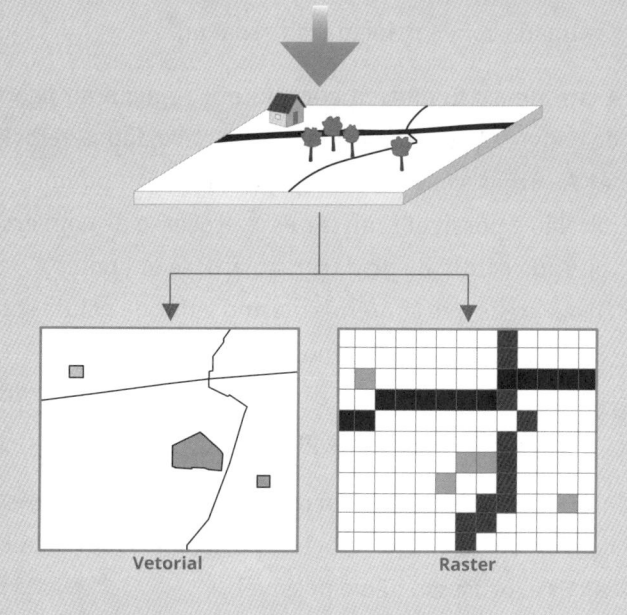

Vetorial

Raster

Crédito: Natasha Melnick

■ Questões para revisão

1. Cite exemplos de entidades vetoriais possíveis de serem representadas num mapa de uso do solo do tipo ponto, linhas e polígonos.

2. Preencha as lacunas:
   a) Há dois modelos de estrutura de representação dos dados: _____ e _____ .
   b) No modelo _____ de estruturação dos dados, os fenômenos reais são divididos em elementos representados por um objeto identificável, com geometria própria de pontos, linhas e polígonos.
   c) _____ é a relação entre a área de observação e o número de observações.
   d) No processo de conversão do formato _____ para o formato _____ , as áreas que contêm o mesmo valor da célula são convertidas para polígonos com valores de atributos equivalentes aos valores das células.
   e) Na estrutura _____ , o atributo é mantido em um arquivo separado, devendo ser relacionado/ligado com a informação espacial.

3. Assinale a afirmativa correta em relação ao processo de conversão de dados matriciais para dados vetoriais:
   a) As áreas são convertidas para linhas e pontos.
   b) Não é possível realizar esse processo de conversão.
   c) Cada célula do *grid* transforma-se em pontos.
   d) As áreas que contêm o mesmo valor da célula são convertidas para polígonos.
   e) Alguns parâmetros são irrelevantes, como rapidez, qualidade da saída e precisão.

4. Assinale a afirmativa correta em relação ao processo de conversão de dados vetoriais para dados matriciais:
   a) Esse processo não é possível.
   b) Cada célula de um polígono recebe valor igual ao do atributo do polígono.
   c) As áreas que contêm o mesmo valor da célula são convertidas para polígonos.

d) A transformação é complexa e ineficiente, uma vez que todas as informações topológicas dos dados vetoriais precisam ser transferidas para o dado matricial.

e) Cada célula de um polígono receberá valores diferentes para os mesmos atributos do polígono.

■ **QUESTÃO PARA REFLEXÃO**

1. Enumere elementos que são importantes durante o processo de elaboração de um SIG, tendo em vista a minimização de erros e incoerências em todas as etapas.

■ **Para saber mais**

CÂMARA, G.; MONTEIRO, A. M. V. Conceitos básicos em ciência da geoinformação. In: CÂMARA, G.; DAVIS, C.; MONTEIRO, A. M. V. (Org.). **Introdução à ciência da geoinformação**. São José dos Campos: Ed. do INPE, 2001. Disponível em: <http://www.dpi.inpe.br/gilberto/livro/introd/cap2-conceitos.pdf>. Acesso em: 26 nov. 2013.

Neste capítulo do livro *Introdução à ciência da geoinformação*, você poderá conhecer mais conceitos de SIG. Além disso, você poderá aprofundar seus conhecimentos sobre os tipos de dados usados em geoprocessamento.

Capítulo

4

Representação de dados ambientais, econômicos e sociais

Conteúdos do capítulo:
- Formas e exemplos de representação de dados ambientais, econômicos e sociais em SIG.
- Estudos de caso.

Após o estudo deste capítulo, você será capaz de:
1. identificar diversas formas de representação de dados em SIG;
2. observar exemplos práticos de uso do SIG e de algumas das funções estudadas em capítulos anteriores.

Neste capítulo, tendo em vista a composição de mapas com informações ambientais, sociais e econômicas, vamos conhecer algumas formas de representação dos dados em SIG mediante a aplicação do conjunto de ferramentas disponibilizadas pelos *softwares* disponíveis no mercado.

Inicialmente, contudo, é importante distinguirmos os principais tipos de dados em SIG. Rodrigues (1990) delimita três tipos básicos de dados em SIG – planialtimétricos, ambientais e cadastrais, de acordo com o conjunto de técnicas e métodos utilizados para o levantamento das informações.

Dados planialtimétricos são aqueles que possuem informação de localização (x e y) e de altitude (z) para as áreas representadas. Dados ambientais são aqueles que representam fenômenos ligados aos espaços geográficos diversos, com temática ambiental. Quanto aos dados cadastrais, Pontes (2002, p. 5) assevera:

> cada um de seus elementos é um objeto geográfico, que possui atributos e pode estar associado a várias representações gráficas. Por exemplo, os lotes de uma cidade são elementos do espaço geográfico que possuem atributos (dono, localização, valor venal, IPTU devido etc.) e que podem ter representações gráficas diferentes em mapas de escalas distintas. Os atributos estão armazenados num sistema gerenciador de banco de dados.

Esses três tipos básicos de dados normalmente são representados, em SIG, sob a forma de mapas temáticos, mapas cadastrais e redes. Os mapas temáticos são aqueles que trazem a espacialização das informações por temas – vegetação de determinada áreas, clima de um município, rede hidrográfica de um país, entre outros.

Os mapas temáticos podem ser representados por arquivos matriciais ou vetoriais. Quando representados por matrizes, os atributos das células correspondem a um código que está associado a uma classe de tema. No modelo vetorial, o elemento geográfico representa a ocorrência espacial da classe do tema em estudo. São exemplos de mapas temáticos: mapas de pedologia, mapas de uso do solo, mapas de distribuição demográfica e mapas com a distribuição das atividades produtivas.

Mapas cadastrais representam a espacialização de dados cadastrais e redes. Eles denotam, de acordo com Pontes (2002, p. 9):

> as informações associadas a: Serviços de utilidade pública, como água, luz e telefone; Redes de drenagem (bacias hidrográficas); Rodovias. No caso de redes, cada objeto geográfico (e.g: cabo telefônico, transformador de rede elétrica, cano de água) possui uma localização geográfica exata e está sempre associado a atributos descritivos presentes no banco de dados.
>
> As informações gráficas de redes são armazenadas em coordenadas vetoriais, com topologia arco-nó: os atributos de arcos incluem o sentido de fluxo e os atributos dos nós sua impedância (custo de percorrimento).

A topologia de redes constitui um grafo, que armazena informações sobre recursos que fluem entre localizações geográficas distintas.

As redes constituem um caso especial e importante de SIG, uma vez que, diferentemente de outros tipos de dados, resultam da intervenção direta do homem sobre o meio. Cada aplicação de rede tem características próprias, as quais podem variar conforme as regras culturais estabelecidas pelos países. Por exemplo: é possível estabelecer larguras diferenciadas para vias de intensa circulação de veículos – nos Estados Unidos, as autoestradas possuem largura diferente daquelas vias presentes na cidade de São Paulo.

Nesse tipo de representação, o banco de dados é fundamental. Assim, é essencial organizá-lo de forma adequada, tendo em vista os objetivos do trabalho que está sendo desenvolvido. Como os dados de redes têm formato relativamente simples, a maior parte do trabalho consiste justamente na realização de consultas ao BD e na apresentação dos resultados de forma coerente.

Devem-se destacar as seguintes aplicações de dados espacializados em rede: continuidade espacial, segmentação dinâmica, visualização das informações e adaptações.

A representação da continuidade espacial mostra uma base cartográfica contínua por meio de informações dispersas em vários mapas. Usualmente, informações referentes às redes elétrica, telefônica, de água e de esgoto estão interligadas em toda uma malha urbana. Assim, é interessante que os sistemas representem essas continuidades, evitando distribuições que podem dificultar as análises, as interpretações e a realização de simulações.

Nesse sentido, é importante que sejam estruturados cortes lógicos, sem duplicação ou repetição de estruturas topológicas. Trata-se aqui da capacidade de segmentação dinâmica, que separa os diferentes níveis de informação relativos a uma mesma rede.

A visualização das informações também é importante, uma vez que as características dos objetos geográficos são armazenadas, na representação em rede, como atributos em um banco de dados.

Os SIGs devem dispor de uma linguagem de apresentação que permita o controle das simbologias associadas aos componentes da rede. Lembre-se que tais simbologias podem variar conforme a escala de representação e de impressão.

Por fim, é importante que os sistemas de modelagem dos dados em rede sejam maleáveis para adaptações às necessidades de cada usuário. Uma informação que é útil para determinado usuário só o será para outro, muitas vezes, após alguns ajustes nos atributos e uma nova forma de representação dos dados. Assim, é imprescindível que cada usuário possa trabalhar com o BD conforme suas necessidades específicas.

As imagens necessárias podem ser obtidas por satélites, por fotografias aéreas ou, ainda, mediante processo de escanerização. As imagens representam a forma indireta de captura das informações espaciais. Esse tipo de dado é armazenado sob a forma matricial ou *raster*. Considerando-se o fato de que os objetos geográficos ficam contidos na imagem, muitas vezes é necessário o uso de técnicas de fotointerpretação ou de classificação digital para individualizar os objetos geográficos.

Há ainda outro conceito importante, o de modelo numérico do terreno (MNT). De acordo com Felgueiras e Câmara (2001, p. 1), esse modelo

> é uma representação matemática computacional da distribuição de um fenômeno espacial que ocorre dentro de uma região da superfície terrestre. Dados de relevo, informação geológicas, levantamentos de profundidades do mar ou de um rio, informação meteorológicas e dados geofísicos e geoquímicos são exemplos típicos de fenômenos representados por um MNT.

A representação desse modelo matemático de superfície consiste, assim, no agrupamento de amostras (com coordenadas x, y e magnitude z) que descrevem a superfície real, de modo que todo o conjunto simule o comportamento da superfície original (conforme indicado na Figura 4.2, que consta nos apêndices desta obra).

Essa forma de representação está comumente associada à altimetria, mas também pode ser usada para modelar informações sobre: unidades geológicas, teor dos minerais, propriedades do solo, entre outras. Os usos mais comuns desse modelo em SIG são os seguintes:

- Armazenamento de dados de altimetria para a geração de mapas topográficos (veja um exemplo na Figura 4.1 que consta ao fim desta obra, nos apêndices – p. 125).
- Produção de mapas de isolinhas diversas.

- Análises de corte e aterro para projetos de estradas e barragens.
- Conjunto de mapas de declividade e exposição para apoio a análises geomorfológicas e de erodibilidade[1].
- Traçado de perfil e de seção transversal.
- Produção de mapas que mostram a orientação das vertentes, o sombreamento e a visibilidade da área representada.
- Análises de variáveis geofísicas e geoquímicas.
- Cálculos de volume e de área.
- Apresentação tridimensional das informações, em combinação com outras variáveis.

O Quadro 4.1 apresenta algumas aplicações de dados geográficos em SIG.

Na sequência, apresentamos exemplos de dados espacializados com o uso de *software* de SIG (ArcGis, versão 10.1). Neles, observamos dados ambientais, sociais e econômicos espacializados e tratados com ferramentas diversas, disponibilizadas pelo *software* em questão.

Foi realizada a operação de interpolação em um exemplo de construção de um mapa de declividade (TIN – um modelo Digital de Elevação do Terreno) com base em

Quadro 4.1 – Aplicações de dados geográficos em SIG

Finalidade	Objetivo	Aplicação
Projetos	Definição das características do projeto.	Projeto de loteamentos. Projeto de irrigação.
Planejamento territorial	Delimitação de zoneamentos e estabelecimento de normas e diretrizes de uso.	Elaboração de planos de manejo de unidades de conservação. Elaboração de planos diretores municipais.
Modelagem	Estudo de processos e comportamento.	Modelagem de processos hidrológicos.
Gerenciamento	Gestão de serviços e de recursos naturais.	Gerenciamento de serviços de utilidade pública. Gerenciamento costeiro.
BD	Armazenamento e recuperação de dados.	Cadastro urbano e rural.
Avaliação de riscos e potenciais	Identificação de locais susceptíveis à ocorrência de determinado evento ou fenômeno.	Elaboração de mapas de risco. Elaboração de mapas de potencial.
Monitoramento	Acompanhamento da evolução dos fenômenos por meio da comparação de mapeamentos sucessivos no tempo.	Monitoramento da cobertura florestal. Monitoramento da expansão urbana.
Logística	Identificação de pontos e rotas.	Definição da melhor rota. Identificação de locais para implantação de atividades econômicas.

Fonte: Baseado em Assad; Sano, 1998.

---

[1] "A erodibilidade do solo (fator K da Equação Universal de Perdas de Solo) é a resistência do solo à ação erosiva da chuva." (Silva et al, 2001, p. 8)

informações de altimetria – curvas de nível e pontos cotados. Observe, na Figura 4.2, que consta nos apêndices desta obra (p. 126), como os dados de altimetria foram armazenados no BD do atributo "Curvas de nível". Veja também como é possível espacializar a classificação das curvas de nível (mestras e intermediárias).

No caso da Figura 4.3, foi utilizada uma ferramenta de consulta ao BD e, posteriormente, outras ferramentas de classificação dos atributos contidos na tabela das "curvas de nível".

Figura 4.3 – Exemplo de consulta ao BD para espacialização da classificação das curvas de nível

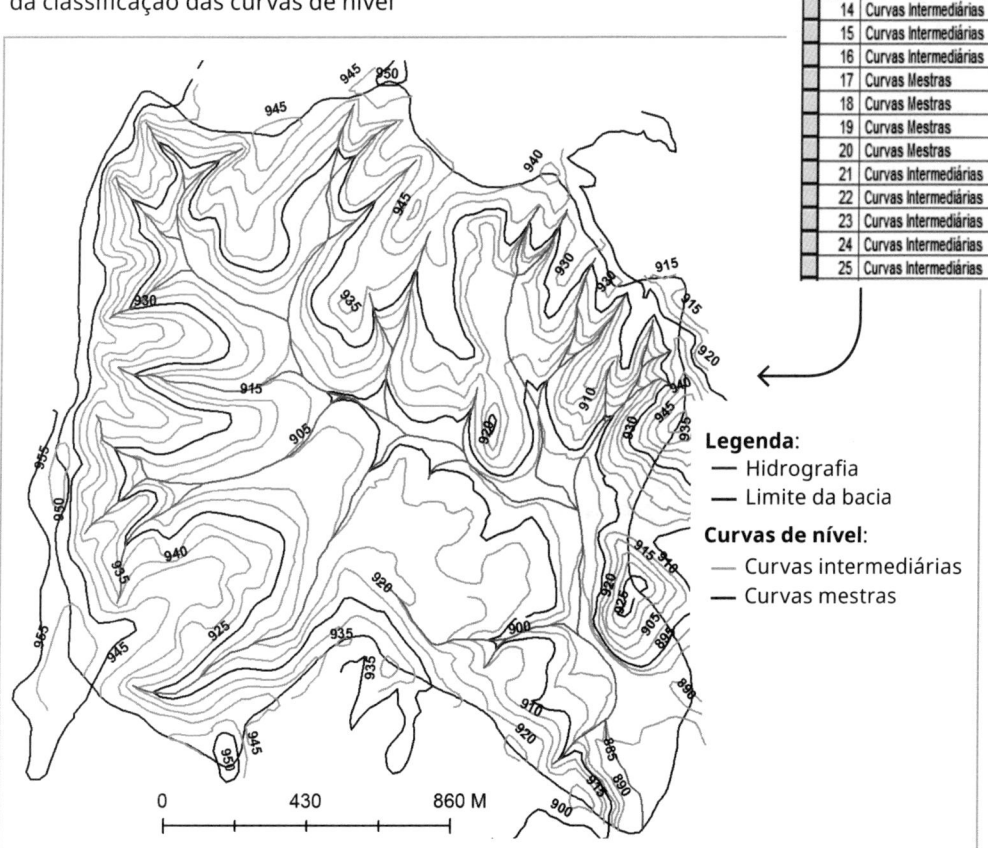

FID	LAYER	ELEVATION
3	Curvas Intermediárias	920
4	Curvas Intermediárias	915
5	Curvas Intermediárias	920
6	Curvas Intermediárias	935
7	Curvas Intermediárias	935
8	Curvas Intermediárias	930
9	Curvas Intermediárias	935
10	Curvas Intermediárias	935
11	Curvas Intermediárias	940
12	Curvas Intermediárias	940
13	Curvas Intermediárias	945
14	Curvas Intermediárias	945
15	Curvas Intermediárias	945
16	Curvas Intermediárias	955
17	Curvas Mestras	925
18	Curvas Mestras	925
19	Curvas Mestras	950
20	Curvas Mestras	950
21	Curvas Intermediárias	945
22	Curvas Intermediárias	940
23	Curvas Intermediárias	905
24	Curvas Intermediárias	920
25	Curvas Intermediárias	915

Legenda:
— Hidrografia
— Limite da bacia

Curvas de nível:
— Curvas intermediárias
— Curvas mestras

Fonte: Elaborado com base em dados do Suderhsa, 2000.

Na Figura 4.4, temos a espacialização da densidade demográfica (habitantes por km²) para os bairros da cidade de Curitiba².

Figura 4.4 – Densidade demográfica da cidade de Curitiba no ano de 2010

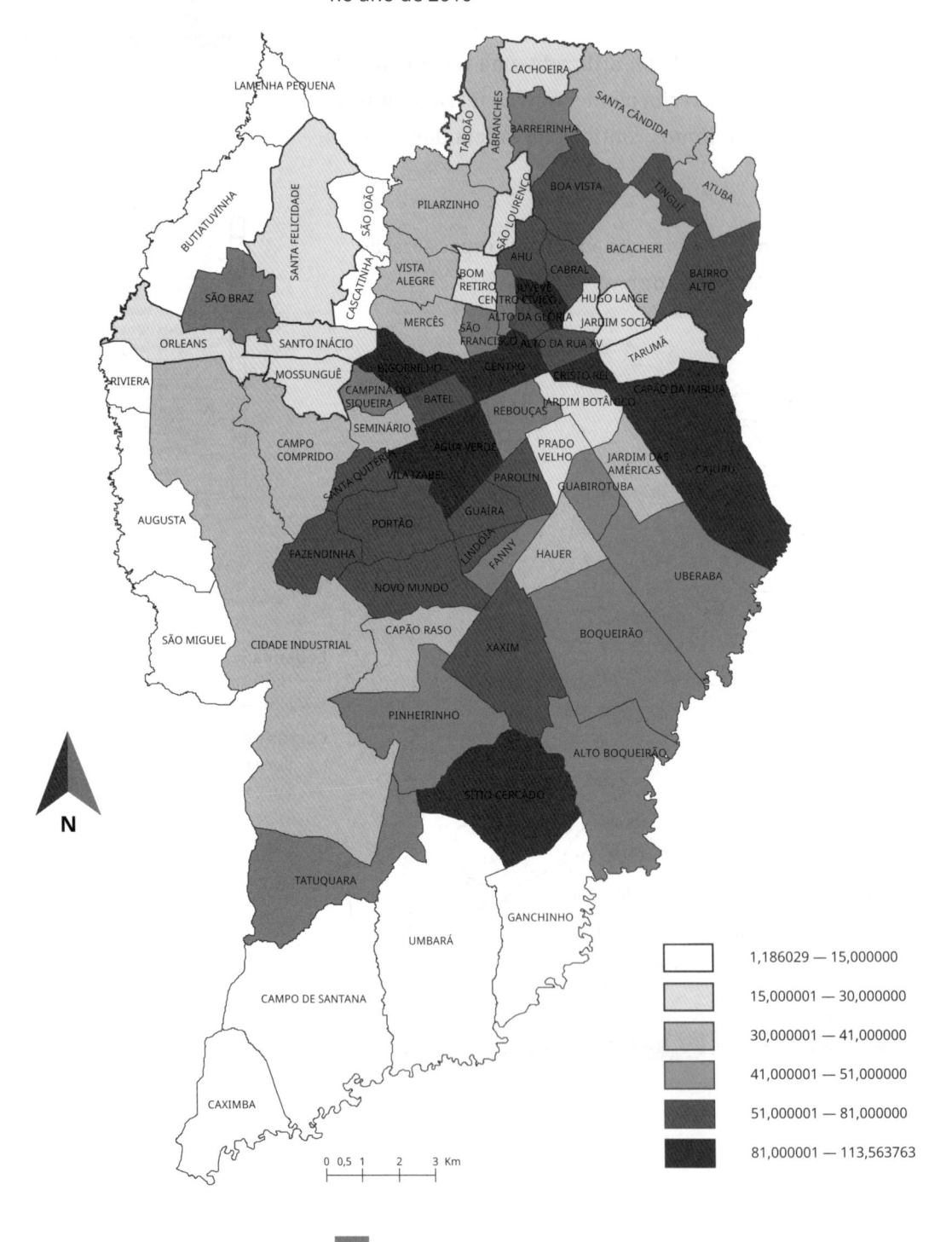

2 A Figura 4.4 foi elaborada com base nos dados do censo demográfico de 2010, divulgados pelo Instituto Brasileiro de Geografia e Estatística (IBGE, 2014).

Na Figura 4.5 (ver apêndices ao fim desta obra – p. 127), observamos as unidades de conservação presentes na Região Metropolitana de Curitiba (RMC), segundo a Coordenação da Região Metropolitana de Curitiba (Comec) em 2005.

Na Figura 4.6 (ver Apêndices desta obra – p. 128), temos a representação da classificação de Arranjos Produtivos Locais (APLs), a partir de estudo realizado pelo Instituto Paranaense de Desenvolvimento Econômico e Social (Ipardes), em 2006, para o Estado do Paraná.

O mapa da Figura 4.7 (ver Apêndices, ao final desta obra – p. 129) mostra a pluviosidade média anual do Brasil (em mm de chuva) para o período entre os anos de 1977 e 2006. Para o mapa em questão, utilizamos o método de interpolação "vizinho mais próximo".

A Figura 4.8 (ver Apêndices, ao fim desta obra – p. 130) apresenta as mesmas informações apresentadas na figura anterior, contudo, espacializadas pelo método de interpolação da *krigagem*.

A figura 4.9 mostra a pluviosidade na Região Metropolitana de Curitiba para o ano de 2000 – em virtude da data, constam somente 25 municípios na ilustração; hoje, 29 municípios compõem essa região. Para essa apresentação, foi utilizado o método de interpolação *spline*.

Figura 4.9 – Pluviosidade da Região no ano de 2000

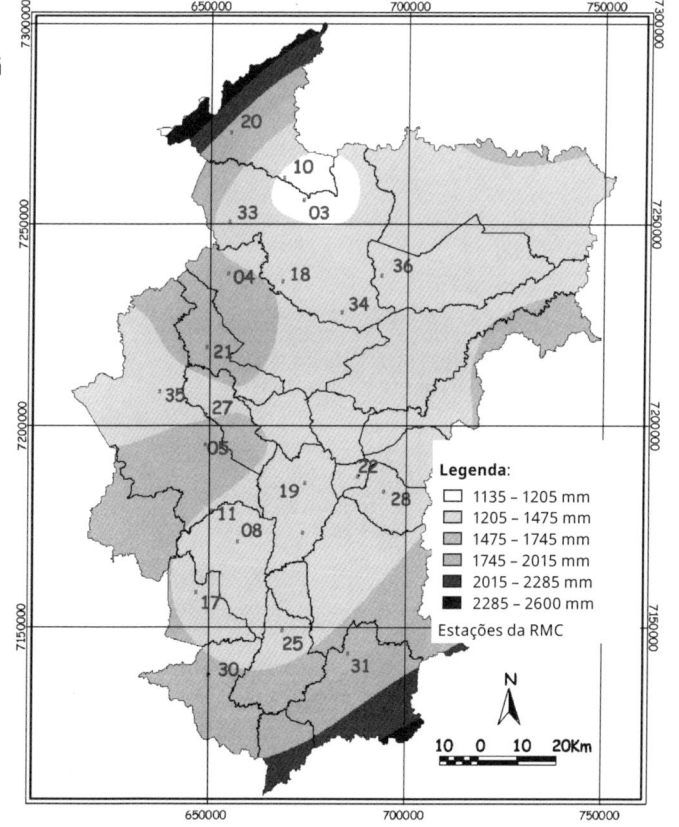

Fonte: Elaborado com base em dados do Suderhsa, 2000.

4.1 Estudos de casos[3]

Neste item, vamos estudar, esquematicamente, alguns casos práticos de desenvolvimento de um SIG. Apresentaremos sugestões de estruturas para o desenvolvimento de alguns casos que podem ser aplicados com os SIGs.

Inicialmente, indicamos o desenvolvimento de um SIG para calcular o indicador de desflorestamento de bacias hidrográficas. Nesse caso, sugere-se o roteiro da Figura 4.10.

---

3 O conteúdo desta seção foi adaptado de Francisco et al. (2005).

Figura 4.10 – Exemplo de roteiro para o cálculo de desflorestamento em bacias hidrográficas

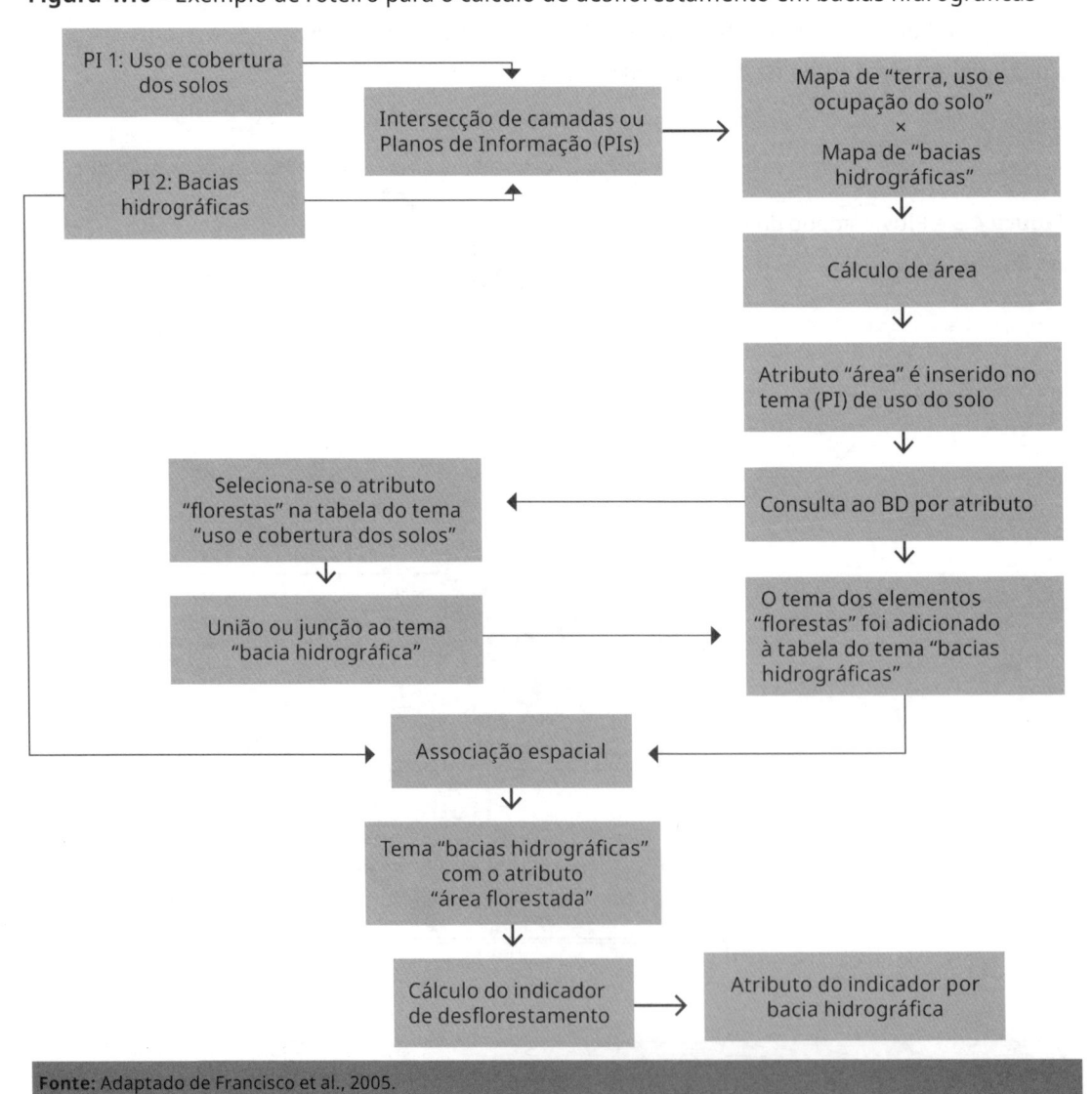

```
PI 1: Uso e cobertura dos solos ──┐
                                   ├──> Intersecção de camadas ou Planos de Informação (PIs) ──> Mapa de "terra, uso e ocupação do solo" × Mapa de "bacias hidrográficas"
PI 2: Bacias hidrográficas ───────┘                                                                  │
                                                                                                      ▼
                                                                                              Cálculo de área
                                                                                                      │
                                                                                                      ▼
                                                                                    Atributo "área" é inserido no tema (PI) de uso do solo
                                                                                                      │
                                                                                                      ▼
              Seleciona-se o atributo "florestas" na tabela do tema "uso e cobertura dos solos"  <──  Consulta ao BD por atributo
                                              │                                                       │
                                              ▼                                                       ▼
              União ou junção ao tema "bacia hidrográfica"  ──>  O tema dos elementos "florestas" foi adicionado à tabela do tema "bacias hidrográficas"
                                              │                                                       │
                                              ▼                                                       ▼
                                          Associação espacial  <────────────────────────────────────┘
                                              │
                                              ▼
                            Tema "bacias hidrográficas" com o atributo "área florestada"
                                              │
                                              ▼
                            Cálculo do indicador de desflorestamento  ──>  Atributo do indicador por bacia hidrográfica
```

Fonte: Adaptado de Francisco et al., 2005.

Um segundo exemplo, ilustrado pela Figura 4.11, representa a elaboração de um mapa temático que mostre as ==áreas em que há restrições à ocupação==. Vejamos:

Figura 4.11 – Exemplo de roteiro para a construção de mapa temático sobre restrições à ocupação

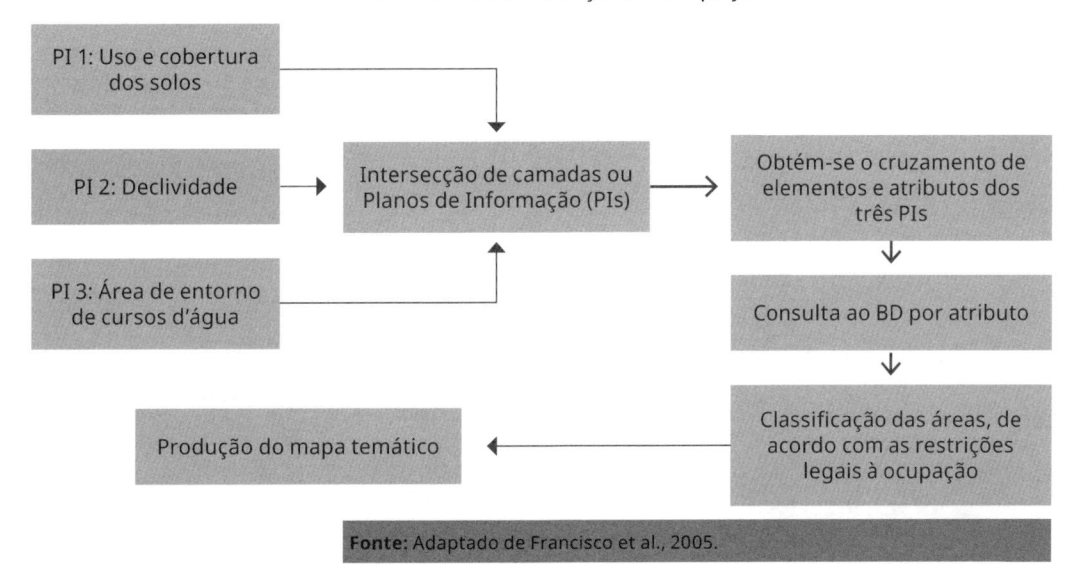

```
PI 1: Uso e cobertura
    dos solos         ─┐
                       ↓
PI 2: Declividade ──→ Intersecção de camadas ou ──→ Obtém-se o cruzamento de
                      Planos de Informação (PIs)    elementos e atributos dos
                                  ↑                         três PIs
PI 3: Área de entorno ────────────┘                          ↓
    de cursos d'água                               Consulta ao BD por atributo
                                                             ↓
Produção do mapa temático ←─────────────────  Classificação das áreas, de
                                              acordo com as restrições
                                              legais à ocupação
```

Fonte: Adaptado de Francisco et al., 2005.

Como terceiro exemplo, apresentamos o esquema de desenvolvimento de um SIG cujo objetivo é selecionar ==os países subdesenvolvidos com base em indicadores socioeconômicos==. Confira o modelo de análise proposto para o SIG na Figura 4.12.

Figura 4.12 – Exemplo de roteiro para consulta a um BD

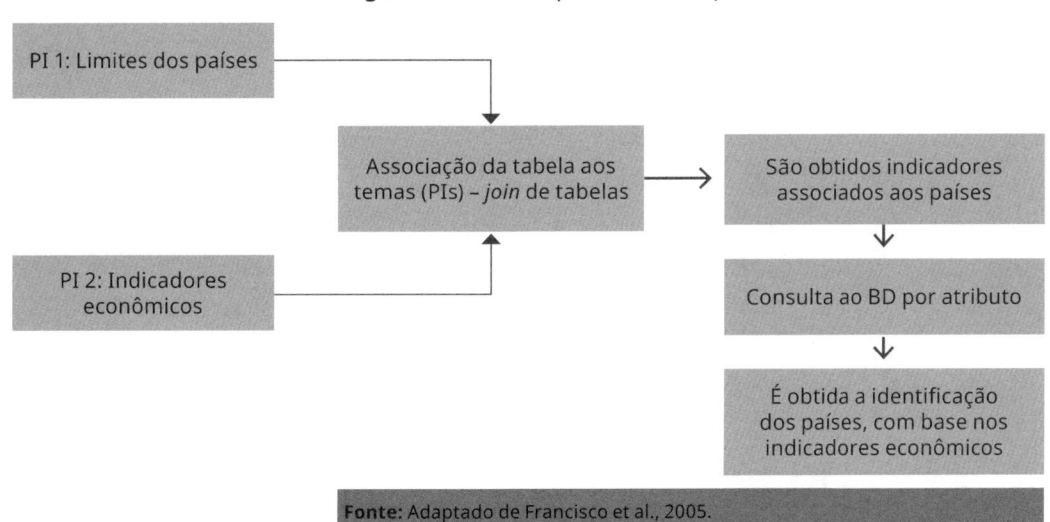

```
PI 1: Limites dos países ─┐
                          ↓
                Associação da tabela aos ──→ São obtidos indicadores
                temas (PIs) – join de tabelas   associados aos países
                          ↑                            ↓
PI 2: Indicadores ────────┘                  Consulta ao BD por atributo
    econômicos                                         ↓
                                             É obtida a identificação
                                             dos países, com base nos
                                             indicadores econômicos
```

Fonte: Adaptado de Francisco et al., 2005.

O *join* (união) de tabelas refere-se à união das informações dos BDs de dois PIs. A informação adicionada poderá ser inserida no PI que for selecionado. No caso desse último exemplo, a informação adicionada é acrescentada à tabela do PI dos "limites dos países". Assim, é possível que os indicadores econômicos sejam espacializados por países.

■ Síntese

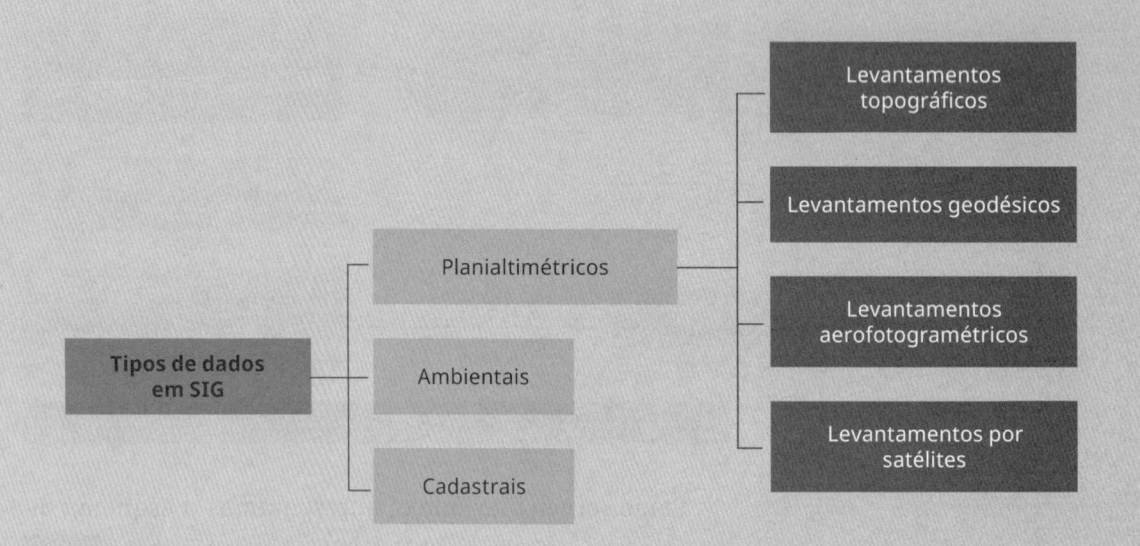

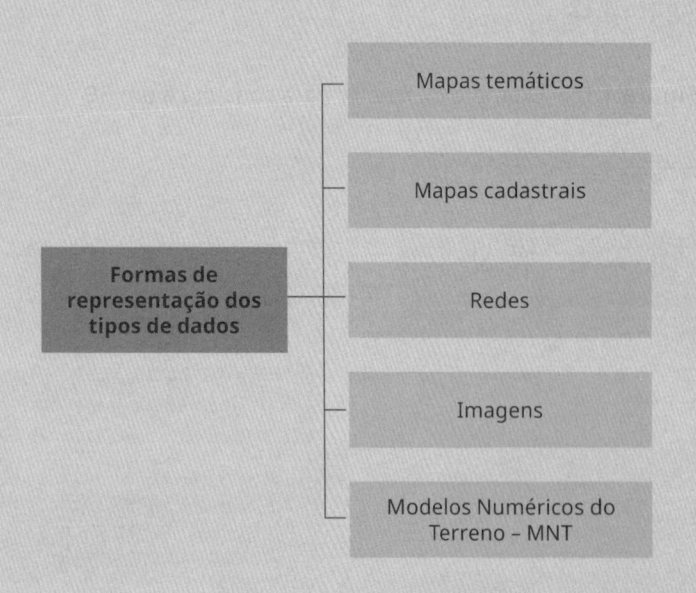

Tipos de dados em SIG
- Planialtimétricos
  - Levantamentos topográficos
  - Levantamentos geodésicos
  - Levantamentos aerofotogramétricos
  - Levantamentos por satélites
- Ambientais
- Cadastrais

Formas de representação dos tipos de dados
- Mapas temáticos
- Mapas cadastrais
- Redes
- Imagens
- Modelos Numéricos do Terreno – MNT

■ Questões para revisão

1. Explique como são as representações em rede.

2. Cite pelo menos três usos de Modelo Numérico do Terreno (MNT) em SIG.

3. Preencha as lacunas:
   a) Os mapas cadastrais distinguem-se dos _____ _____ no sentido de que cada elemento é considerado como um _____, que tem, portanto, atributos e pode ser associado a diversas representações cartográficas.
   b) Levantamentos _____ são aqueles em que há uso de fotografias aéreas para determinação da posição dos objetos.
   c) _____ podem ser obtidas por satélites, fotografias aéreas ou, ainda, mediante processo de escanerização.

4. Caracterizam-se pela representação de dados quantitativos ou qualitativos, gerados por levantamentos cadastrais, que formam um banco de dados alfanuméricos associado a uma unidade territorial predefinida (como um município, um bairro, um setor censitário). Estamos tratando de:
   a) redes.
   b) mapas temáticos.
   c) mapas cadastrais.
   d) imagens.
   e) levantamentos topográficos.

5. A representação deste modelo matemático de superfície consiste no agrupamento de amostras (com coordenadas x, y e magnitude z) que descrevem a superfície real, de modo que todo o conjunto simule o comportamento da superfície original. Trata-se de:
   a) Modelo Numérico do Terreno – MNT.
   b) redes.
   c) levantamentos geodésicos.
   d) levantamentos cadastrais.
   e) mapas temáticos vetoriais.

QUESTÃO PARA REFLEXÃO

1. Tomando-se como base os modelos apresentados como estudo de caso em SIG, estruture um modelo de desenvolvimento objetivando a construção de um mapa de densidade demográfica. Parta de um PI referente aos municípios do Estado do Paraná e de um BD contendo a densidade demográfica por município do Estado.

Para saber mais

RIZZI, R. **Geotecnologias em um sistema de estimativa da produção de soja**: estudo de caso no Rio Grande do Sul. 214 f. Tese (Doutorado em Sensoriamento Remoto) – Instituto Nacional em Pesquisas Espaciais, São José dos Campos, 2005. Disponível em: <http://www.obt.inpe.br/pgsere/Rizzi-R-2004/publicacao.pdf>. Acesso em: 3 jan. 2014.

Essa tese é interessante, pois apresenta um exemplo prático de aplicação do SIG, além de trazer conceitos que poderão ajudá-lo no estudo do tema.

Consulte, ainda, algumas leis ambientais que podem ajudá-lo na análise dos resultados obtidos com a manipulação dos dados em SIG.

BRASIL. Lei n. 4.771, de 15 de setembro de 1965. **Diário Oficial da União**, Poder Legislativo, Brasília, 16 set. 1965. Disponível em: <http://www.planalto.gov.br/ccivil_03/leis/l4771.htm>. Acesso em: 3 jan. 2014.

BRASIL, Lei n. 12.651, de 25 de maio 2012. **Diário Oficial da União**, Poder Legislativo, Brasília, 28 maio 2012. Disponível em: <http://www.planalto.gov.br/ccivil_03/_Ato2011-2014/2012/Lei/L12651.htm>. Acesso em: 3 jan. 2014.

Em relação à questão do desflorestamento em bacias hidrográficas, deve ser consultada a Lei nº 4.771 – revogada pela Lei nº 12.651 que trata sobre a proteção de vegetação nativa.

BRASIL. Lei n. 12.727, de 17 de outubro de 2012. **Diário Oficial da União**, Poder Executivo, Brasília, 18 out. 2012. Disponível em: <http://www.planalto.gov.br/ccivil_03/_Ato2011-2014/2012/Lei/L12727.htm>. Acesso em: 3 jan. 2014.

Você ainda pode consultar o Novo Código Florestal Brasileiro, Lei 12.727 (arts. 4º e 5º), que dispõe sobre a preservação de vegetações ao longo de cursos d'água. Essa lei, que discorre sobre as áreas de vegetação que devem ser preservadas em encostas com inclinação entre 25° a 45°, pode ainda ser consultada para que você compreenda melhor o tema *declividade*.

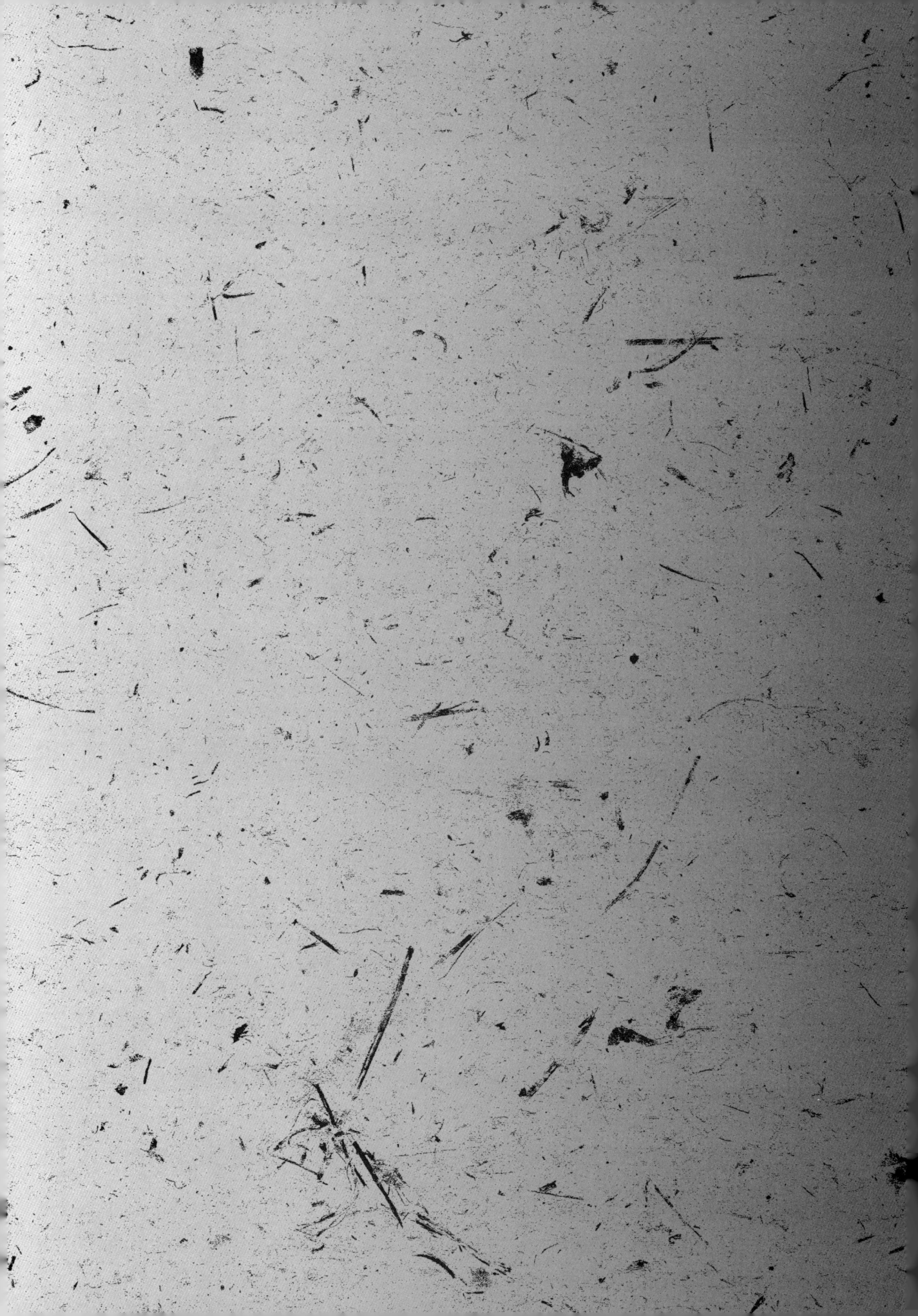

PARA CONCLUIR...

Nos últimos anos, as ferramentas disponibilizadas pelos SIGs têm contribuído positivamente para o avanço de muitas pesquisas em diversos campos do conhecimento científico. Isso porque elas se tornaram instrumentos eficazes na produção de informações espacializadas, facilitando análises e tomadas de decisão.

Os conhecimentos de cartografia devem ser destacados, uma vez que são essenciais durante o manuseio dos dados que são utilizados pelos diversos *softwares* de SIG. Conhecimento de escalas, projeção cartográfica e sistemas de coordenadas são muito importantes para que seja possível apresentar resultados com clareza e coerência em relação à base original das informações.

Diversas áreas do conhecimento se beneficiam com os resultados que podem ser obtidos mediante o uso das operações e funções realizadas pelos SIGs. Contudo, devemos ficar atentos à correção de erros no momento de entrada dos dados e dos processos de tratamento e manipulação das informações.

Desse modo, compreende-se que os SIGs são ferramentas muito úteis, sobretudo nos dias atuais, considerando os rápidos avanços tecnológicos e científicos. Entretanto, se mal utilizados, esses instrumentos produzirão mapas coloridos e bonitos, mas que não apresentam informações reais ou relevantes para o que se pretende discutir e analisar.

Esperamos que as informações contidas neste livro sirvam para o aprofundamento de seus estudos, estimulando-o a novas pesquisas nas áreas de cartografia e geoprocessamento e, sobretudo, incentivando-o ao uso de SIGs em suas atividades acadêmicas e profissionais.

LISTAS

Figuras

21 **Figura** 1.1 – Modelos da forma terrestre
22 **Figura** 1.2 – Elementos do elipsoide
28 **Figura** 1.3 – Classificação das projeções quanto à superfície de projeção
31 **Figura** 1.4 – Diagrama da Terra indicando latitude e longitude
33 **Figura** 1.5 – Determinação das coordenadas do ponto x
35 **Figura** 1.6 – Rosa dos ventos, com pontos cardeais, colaterais e subcolaterais
35 **Figura** 1.7 – Esquema representativo do NG, NM e NQ
37 **Figura** 1.8 – Representação de rumos e azimutes para cada quadrante
41 **Figura** 1.9 – Representação de escalas gráficas
42 **Figura** 1.10 – Representação do comprimento total da escala
43 **Figura** 1.11 – Representação de talão em escalas gráficas
43 **Figura** 1.12 – Representação da escala gráfica na escala de 1:50.000
46 **Figura** 1.13 – Exemplo de redução pelo método quadriculado
47 **Figura** 1.14 – Montagem e funcionamento de um pantógrafo
55 **Figura** 2.1 – Elementos básicos de um SIG
62 **Figura** 2.2 – Principais relações topológicas entre objetos geográficos
64 **Figura** 2.3 – Exemplo de reclassificação de área por meio do uso de SIG
65 **Figura** 2.4 – Representação das operações de *buffer*, simples e múltipla
67 **Figura** 2.5 – Exemplo esquemático de uso da operação de imposição
69 **Figura** 2.6 – Exemplo esquemático da operação de colagem
70 **Figura** 2.7 – Diagrama representativo dos operadores booleanos
71 **Figura** 2.8 – Operações algébricas cumulativas
76 **Figura** 3.1 – Estruturação dos níveis de abstração em SIG para a construção de modelos da realidade
79 **Figura** 3.2 – Classes de dados espaciais conforme a estrutura de representação
80 **Figura** 3.3 – Representações do modelo grade de células

81 **Figura** 3.4 – Representação do modelo de grade de célula em árvore quaternária
83 **Figura** 3.5 – Estrutura topológica de dados vetoriais
97 **Figura** 4.3 – Exemplo de consulta ao BD para espacialização da classificação das curvas de nível
98 **Figura** 4.4 – Densidade demográfica da cidade de Curitiba no ano de 2010
99 **Figura** 4.9 – Pluviosidade da Região Metropolitana de Curitiba no ano de 2000
100 **Figura** 4.10 – Exemplo de roteiro para o cálculo de desflorestamento em bacias hidrográficas
101 **Figura** 4.11 – Exemplo de roteiro para a construção de mapa temático sobre restrições à ocupação
101 **Figura** 4.12 – Exemplo de roteiro para consulta a um BD

Quadros
24 **Quadro** 1.1 – Características do sistema SAD-69
29 **Quadro** 1.2 – Projeções cartográficas e suas características
32 **Quadro** 1.3 – Características do sistema UTM
63 **Quadro** 2.1 – Relações topológicas em SIG
66 **Quadro** 2.2 – Síntese dos conceitos de IG e IM
68 **Quadro** 2.3 – Exemplo de máscara para a realização de operação de superposição
85 **Quadro** 3.1 – Comparação entre os modelos matricial e vetorial
96 **Quadro** 4.1 – Aplicações de dados geográficos em SIG

Tabela
43 **Tabela** 1.1 – Conversão de medidas nos sistema métrico decimal

Apêndices
125 **Figura** 4.1 – Exemplo de imagem temática gerada com base no fatiamento de um MNT
126 **Figura** 4.2 – Exemplo de TIN: mapa de declividade gerado com base em curvas de nível
127 **Figura** 4.5 – Unidades de conservação na Região Metropolitana de Curitiba no ano de 2005
128 **Figura** 4.6 – Classificação de APLs no Estado do Paraná no ano de 2006
129 **Figura** 4.7 – Pluviosidade média do Brasil (1977-2006) pelo método de interpolação "vizinho mais próximo"
130 **Figura** 4.8 – Pluviosidade média do Brasil (1977-2006) pelo método de interpolação da *krigagem*

REFERÊNCIAS

ALMEIDA, R. P. de. **Noções básicas de cartografia**. Disponível em: <http://www.igc.usp.br/pessoais/renatoalmeida/MapSed/Cartografia%20b.pdf>. Acesso em: 3 jan. 2014.

ANDRADE, M. C. **Geografia, ciência da sociedade**: uma introdução à análise do pensamento geográfico. São Paulo: Atlas, 1987.

ARONOFF, S. **Geographic Information Systems**: A Management Perspective. 4. ed. Otawa: WDL Publications, 1995.

ASSAD. E. D.; SANO, E. E. **Sistemas de informações geográficas**: aplicações na agricultura. 2. ed. Brasília: Ed. da Embrapa, 1998.

BURROUGH, P. A.; MCDONNELL, R. A. **Principles of Geographical Information Systems**. Oxford: Oxford University Press, 1998.

CÂMARA, G.; DAVIS, C.; MONTEIRO, A. M. V. (Org.). **Introdução à ciência da geoinformação**. São José dos Campos: Ed. do Inpe, 2001. Disponível em: <http://www.dpi.inpe.br/gilberto/livro/introd>. Acesso em: 26 nov. 2013.

CÂMARA, G. et al. **Anatomia de sistemas de informação geográfica**. Campinas: Ed. da Unicamp, 1996.

CÂMARA, G.; ORTIZ, M. J. **Sistemas de informação geográfica para aplicações ambientais e cadastrais**: uma visão geral. São José dos Campos: Ed. do Inpe, 2006.

CPRM – Serviço Geológico do Brasil. **Atlas pluviométrico do Brasil**. Disponível em: <http://www.cprm.gov.br/publique/cgi/cgilua.exe/sys/start.htm?infoid=1351&sid=9>. Acesso em: 3 jan. 2014.

CREA-SP – Conselho Regional de Engenharia e Agronomia do Estado de São Paulo. **Sistema geodésico de referência e projeções cartográficas**. São Paulo: [s.n.], 2003. 63 dispositivos: color.

CRUZ, C. B. M; PINA, M. F. **Fundamentos de cartografia**: unidades didáticas 29 a 41. Rio de Janeiro: Lageop; UFRJ, 2002. v. 2.

D'ALGE, J. C. L. **Cartografia para geoprocessamento**. In: CÂMARA, G.; DAVIS, C.; MONTEIRO, A. M. V. (Org.). **Introdução à ciência da geoinformação**. São José dos Campos: Inpe, 2001. Disponível em: <http://www.dpi.inpe.br/gilberto/livro/introd/cap6-cartografia.pdf>. Acesso em: 26 nov. 2013.

DANA, P. H. **Global Positioning System Overview**. The Geographer's Craft Project. Department of Geography, University of Colorado at Boulder, 1999. Disponível em: <http://www.colorado.edu/geography/gcraft/notes/gps/gps_f.html>. Acesso em: 26 nov. 2013.

DIAS, A. **As curvas e superfícies splines**. Disponível em: <http://srv.emc.ufsc.br/~emc6601alt/teocurva_surfI/aulas/CurvasSurfSplines.pdf>. Acesso em: 3 jan. 2014.

FELGUEIRAS, C. A.; CÂMARA, G. Modelagem numérica de terreno. In: CÂMARA, G.; DAVIS, C.; MONTEIRO, A. M. V. (Org.). **Introdução à ciência da geoinformação**. São José dos Campos: Inpe, 2001. Disponível em: <http://www.dpi.inpe.br/gilberto/livro/introd/cap7-mnt.pdf>. Acesso em: 26 nov. 2013.

FITZ, P. R. **Cartografia básica**. 3. ed. São Paulo: Oficina de Textos, 2008.

FRANCISCO, C. N. et al. **Estudo dirigido em SIG**: sistemas de informação geográfica e geoprocessamento. Rio de Janeiro, 2005. Disponível em: <http://www.professores.uff.br/cristiane/Estudodirigido/SIG.htm>. Acesso em: 26 nov. 2013.

FRIEDMANN, R. M. P. **Fundamentos de orientação, cartografia e navegação terrestre**. Curitiba: ProBooks, 2003.

GASPAR, J. A. **Cartas e projecções cartográficas**. 3. ed. rev. e ampl. Lisboa: Lidel, 2005.

HADZILACOS, T.; TRYFONA, N. Logical Data Modelling for Geographical Applications. **International Journal of Geographical Information Science**, UK, v. 10, n. 2, p. 179-203, Mar. 1996.

IBGE – Instituto Brasileiro de Geografia e Estatística. **Censo 2010**: resultados. Disponível em: <http://censo2010.ibge.gov.br/resultados>. Acesso em: 3 jan. 2014.

_____. **Noções básicas de cartografia**. Rio de Janeiro: Ed. do IBGE, 1998. Disponível em <http://www.ibge.gov.br/home/geociencias/cartografia/manual_nocoes/indice.htm>. Acesso em: 26 nov. 2013.

_____. Resolução n. 1, de 25 de fevereiro de 2005. **Fundação Instituto Brasileiro de Geografia e Estatística**, Rio de Janeiro, 25 fev. 2005. Disponível em: <ftp://geoftp.ibge.gov.br/documentos/geodesia/projeto_mudanca_referencial_geodesico/legislacao/rpr_01_25fev2005.pdf>. Acesso em: 26 nov. 2013.

IMHOF, E. Positioning Names on Maps. **The American Cartographer**, [S.l.], v. 2, n. 2, p. 128-44, Oct. 1975. Disponível em: <http://www.mapgraphics.net/downloads/Positioning_Names_on_Maps.pdf>. Acesso em: 26 nov. 2013.

INPE – Instituto Nacional de Pesquisas Espaciais. Divisão de Processamento de Imagens. **Projeto Terra View**. Disponível em: <http://www.dpi.inpe.br/terraview/index.php>. Acesso em: 3 jan. 2014.

IPARDES – Instituto Paranaense de Desenvolvimento Econômico e Social. **Arranjos produtivos locais do Estado do Paraná**: identificação, caracterização, construção de tipologia. Curitiba: Ed. do Ipardes, 2006.

KIMERLING, A. J. **Sistemas de informações geográficas e cartografia**. São Paulo: Unesp, 2001. Versão em língua portuguesa da Unesp.

LISBOA FILHO, J.; IOCHPE, C. Um estudo sobre modelos conceituais de dados para projeto de banco de dados geográficos. **Informática Pública**, Belo Horizonte, ano 1, n. 2, dez. 1999, p. 67-90. Disponível em: <http://www.ip.pbh.gov.br/ANO1_N2_PDF/ip0102lisboafilho.pdf>. Acesso em: 26 nov. 2013.

LTC – Laboratório de Topografia e Cartografia da Universidade Federal do Espírito Santo. **Fundamentos de Geodésia**, Vitória, 2006. Disponível em: <www.ltc.ufes.br/geomaticsce/Modulo%20Geodesia.pdf>. Acesso em: 26 nov. 2013.

MINEROPAR – Serviço Geológico do Paraná; COMEC – Coordenação da Região Metropolitana de Curitiba. Unidades de conservação. 2005. Disponível em: <http://www.comec.pr.gov.br/arquivos/File/fig_RMC_unidades_conservacao.pdf>. Acesso em: 3 jan. 2014.

MIRANDA, J. I. **Fundamentos de sistemas de informações geográficas**. 2. ed. rev. e atual. Brasília: Embrapa Informação Tecnológica, 2010. 425 p.

MORRIS, R. C.; DRABKIN, I. E. The Measurement of the Circumference of the Earth. In: _____. **A Source Book in Greek Science**. Cambridge: Harvard University Press, 1966. p. 149-153.

NAVATHE, S. B. Evolution of Data Modeling for Databases. **Communications of the ACM**, v. 35, n. 9, p. 112-123, Sept. 1992. Disponível em: <http://www.cc.gatech.edu/~sham/classpapers/p112-navathe.pdf>. Acesso em: 26 nov. 2013.

OLIVEIRA, C. **Curso de cartografia moderna**. 2 ed. Rio de Janeiro: IBGE, 1993.

PAES JUNIOR, N. S.; SIMÕES, S. J. C. Evolução espacial de áreas irrigadas com base em sensoriamento remoto o médio Vale do Paraíba do Sul, Sudeste do Brasil. **Ambiente e Água**, Taubaté, v. 1, n. 1, p. 72-83, ago. 2006.

PAULA, R. V. de. **Sistema de informações geográficas destinado ao planejamento da atividade apícola no assentamento "Padre Josimo Tavares" - PA**. 84 f. Dissertação (Mestrado em Geografia Física) – Faculdade de Filosofia, Letras e Ciências Humanas, Universidade de São Paulo, São Paulo, 2009. Disponível em: <http://www.teses.usp.br/teses/disponiveis/8/8135/tde-02022010-144613>. Acesso em: 26 nov. 2013.

PEUQUET, D. J. A Conceptual Framework and Comparison of Spatial Data Models. In: PEUQUET, D. J; MARBLE, D. F. **Introductory Readings in Geographic Information System**. London: Taylor & Francis, 1990. p. 250-285.

PONTES, M. A. G. **Topografia**: GIS e geoprocessamento. Faculdade de Engenharia de Sorocaba, Sorocaba, 2002. Apostila para aulas de topografia. Disponível em: <ftp://ftp.cefetes.br/cursos/Geomatica/Adelson/Sensoriamento_Remoto/apostila_Geoprocessamento_2.pdf>. Acesso em: 3 jan. 2014.

PRESTES, I. da C. R. **Geometria esférica**: uma conexão com a geografia. 212 f. Dissertação (Mestrado em Matemática) – Pontifícia Universidade Católica de São Paulo, São Paulo, 2006.

RAM, S.; PARK, J.; BALL, G. L. Semantic-model Support for Geographic Information Systems. **IEEE Computer**, [S.l.], v. 32, n. 5, p. 74-81, May 1999.

RODRIGUES, M. Introdução ao geoprocessamento. In: SIMPÓSIO BRASILEIRO DE GEOPROCESSAMENTO, 1., 1990, São Paulo. **Anais**... São Paulo: Ed. da USP, 1990. p. 1-26.

SANTOS JUNIOR, W. M. dos; RIBEIRO, G. P. Qualidade dos dados geográficos disponibilizados em ambiente de sistema de informação geográfica na internet. In: SIMPÓSIO BRASILEIRO DE CIÊNCIAS GEODÉSICAS E TECNOLOGIAS DA GEOINFORMAÇÃO, **Anais** ... 4., 2012, Recife. Disponível em: <http://www.ufpe.br/cgtg/SIMGEOIV/CD/artigos/SIG/062_5.pdf>. Acesso em: 26 nov. 2013.

SHEKHAR, S. et al. Experiences with Data Models in Geographic Information Systems. **Communications of the ACM**, v. 40, n. 4, Apr. 1997.

SILVA, A. de B. **Sistemas de informações georreferenciadas**: conceitos e fundamentos. Campinas: Ed. da Unicamp, 1999.

SILVA, A. M. et al. Perdas por erosão e erodibilidade de cambissolo e latossolo roxo no sul de minas gerais – resultados preliminares. In: SIMPÓSIO NACIONAL DE CONTROLE DE EROSÃO, VII, 3 a 6 de maio de 2001, Goiânia. **Simpósio**... Departamento de Ciência do Solo, Universidade Federal de Lavras. Disponível em: http://www.labogef.iesa.ufg.br/links/simposio_erosao/articles/T001.pdf>. Acesso em: 13 mar. 2014.

STAR, J.; ESTES, J. **Geographic Information Systems**: An Introdution. London: Prentice-Hall, 1990.

SUDERHSA – Instituto das Águas do Paraná. **Altimetria bacia do Alto Iguaçu**. Curitiba, 2000. Disponível em: <http://www.aguasparana.pr.gov.br/modules/conteudo/conteudo.php?conteudo=99>. Acesso em: 3 jan. 2014.

XAVIER-DA-SILVA, J. et al. Geoprocessamento e SGIs. In: **Curso de Especialização em Geoprocessamento** – unidades didáticas 12 a 19. Rio de Janeiro: Lageop; UFRJ, 2002. 2 CD-ROM. v. 1.

RESPOSTAS

Capítulo 1

QUESTÕES PARA REVISÃO

1. 170 km
2. 25 km
3. c
4. a
5. d

QUESTÃO PARA REFLEXÃO

Sabendo-se que as distâncias reais do território nacional são: Norte-Sul = 4.394,7 km e Leste-Oeste = 4.319,4 km e que uma folha A4 possui 21 cm de largura e 29,7 cm de altura, basta fazer o cálculo da escala aproximada utilizando a fórmula E = d/D, em que: E = escala; d = escala gráfica; D = escala real.

Capítulo 2

QUESTÕES PARA REVISÃO

1. Entre as várias respostas possíveis, sugerimos a seguinte: o SIG é um conjunto de tecnologias e de ferramentas associadas a *softwares* específicos, visando à análise de dados geograficamente localizados.
2. Entrada e integração de dados; processamento dos dados; análises; visualização e plotagem; recuperação e armazenamento das informações. Em cada etapa, é importante cuidado com a escala, a correção de erros e a veracidade das informações.
3. a] procedimentos matemáticos; estimar.
   b] computadores eletrônicos.
   c] armazenamento; recuperação.
   d] colagem.
   e] imposição ou máscara; colagem; comparação; associação; sincronização.
4. b
5. d

QUESTÃO PARA REFLEXÃO

Exemplos de uso da análise de proximidade: cálculo da área de influência sonora de um aeroporto, tendo em vista a adequação das áreas de ocupação residencial; determinação da área de proteção ambiental no entorno de uma rede hidrográfica, tendo em vista a preservação de mata ciliar.

Exemplos de uso da análise de superposição: cruzamento de um plano de informação (PI) contendo as curvas de nível de uma área com um PI que contém informações referentes às áreas com ocupação residencial urbana, com o objetivo principal de verificar a declividade das áreas e conferir a adequação das residências com relação ao risco de deslizamentos, erosão etc.; cruzamento de um PI da rede hidrográfica de um local com um PI contendo polígonos referentes às unidades industriais, com o objetivo de evitar a proximidade de áreas industriais dos cursos de água.

Capítulo 3

QUESTÕES PARA REVISÃO

1. ☐ Mata: classificação (por exemplo: aberta e fechada).
   ☐ Pastagem: classificação (por exemplo: tipos – natural e degradada).
   ☐ Plantio de Arroz: quantidade, data do plantio, período previsto para colheita.
   ☐ Áreas Urbanas: classificação (por exemplo: ocupações irregulares e regularizadas).
   ☐ Rios: largura, nome, extensão, indicadores físico-químicos.
2. a] matricial; vetorial.
   b] vetorial.
   c] Resolução espacial.
   d] matriz; vetor.
   e] vetorial
3. d
4. b

QUESTÃO PARA REFLEXÃO

Resposta pessoal.

- Cuidado na obtenção dos dados – verificar qualidade da resolução das imagens; conferência de escala; fácil leitura das informações; uso de equipamentos aferidos e de qualidade para captação de informações; precisão das informações.
- Atenção às operações de análises e verificar se as informações utilizadas são de fato relevantes.
- Atenção à elaboração dos produtos finais: escala, legenda, facilidade de leitura das informações, resolução, fonte adequadas à leitura; uso adequado de simbologias.

Capítulo 4

QUESTÕES PARA REVISÃO

1. "As redes correspondem a segmentos de linhas que são interconectadas, tais como a rede hídrica, a rede viária" (Silva, 1999, p. 219).
2. Armazenamento de dados de altimetria; produção de mapas de isolinhas; mapas de declividade; traçado de perfil e seção transversal.
3. a] mapas temáticos; objeto cartográfico.
   b] aerofotogramétricos.
   c] Imagens
4. c
5. a

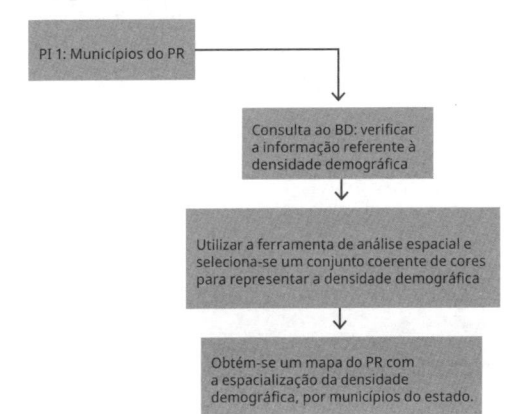

QUESTÃO PARA REFLEXÃO

Resposta pessoal.

PI 1: Municípios do PR

↓

Consulta ao BD: verificar a informação referente à densidade demográfica

↓

Utilizar a ferramenta de análise espacial e seleciona-se um conjunto coerente de cores para representar a densidade demográfica

↓

Obtém-se um mapa do PR com a espacialização da densidade demográfica, por municípios do estado.

SOBRE A AUTORA

Monika Christina Portella Garcia é graduada em Geografia (2003) pela Universidade Federal do Paraná (UFPR), mestre em Geografia (2006) pela Universidade Estadual Paulista Júlio de Mesquita Filho (Unesp) e doutora em Geografia econômica (2011), também pela Unesp. É professora e pesquisadora na Universidade Tuiuti do Paraná (UTP), onde ministra disciplinas vinculadas ao geoprocessamento, bem como cursos de capacitação e de extensão ligados ao uso de *softwares* de SIG. Atua com pesquisas de iniciação científica vinculadas a diversas temáticas que se utilizam de *softwares* de SIG como ferramenta para a produção de mapas e a espacialização de informações.

APÊNDICES

Figura 4.1 – Exemplo de imagem temática gerada com base no fatiamento de um MNT

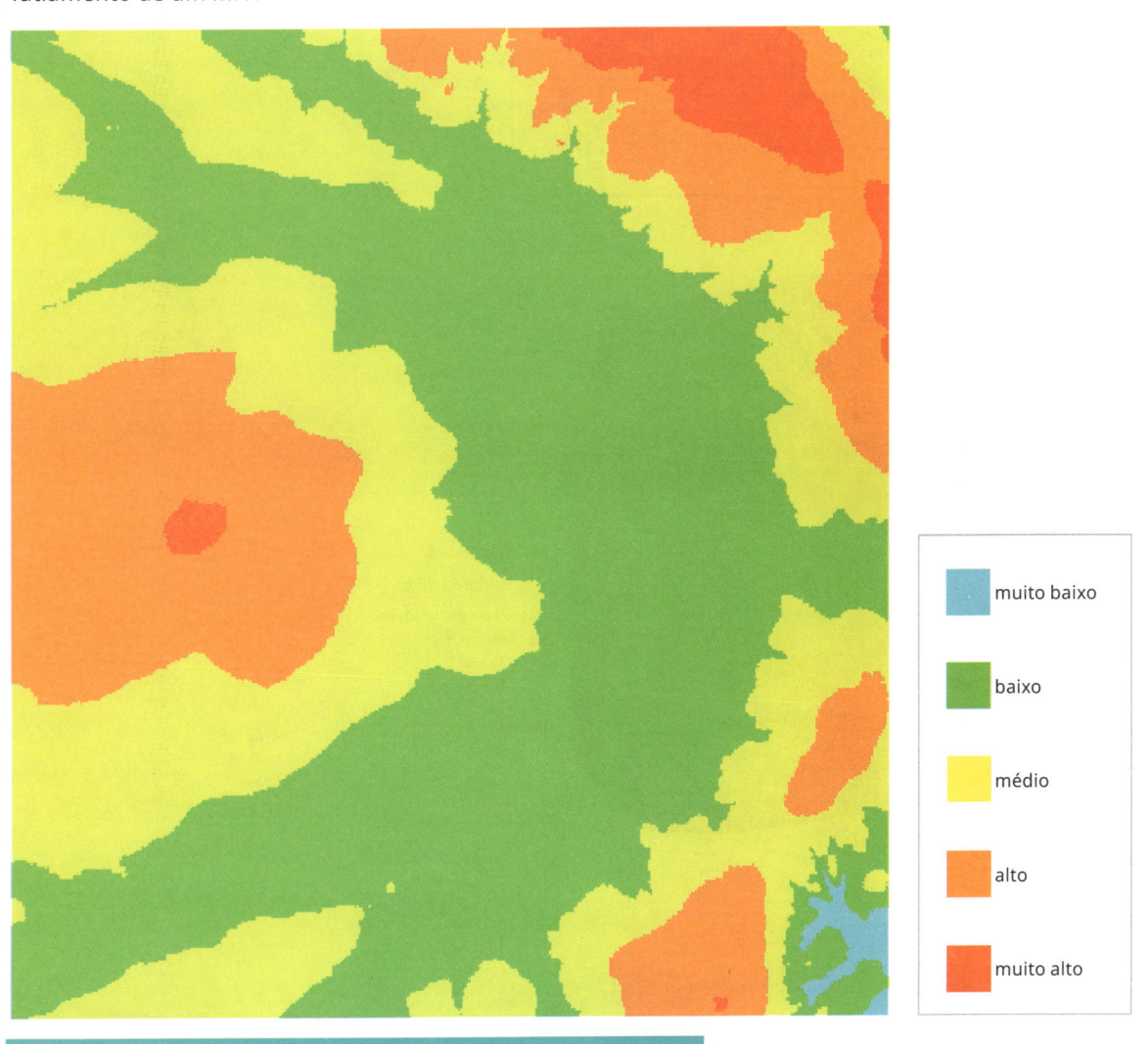

- muito baixo
- baixo
- médio
- alto
- muito alto

Fonte: Felgueiras; Câmara, 2001, p. 31.

Figura 4.2 – Exemplo de TIN: mapa de declividade gerado com base em curvas de nível

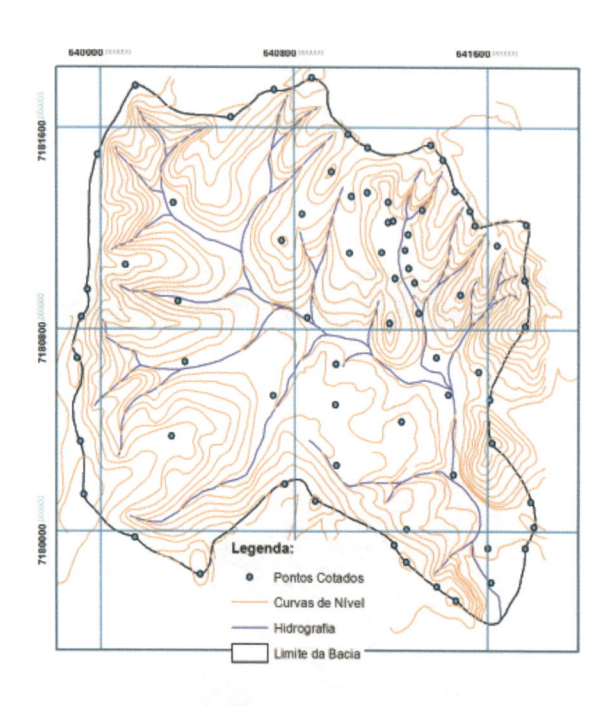

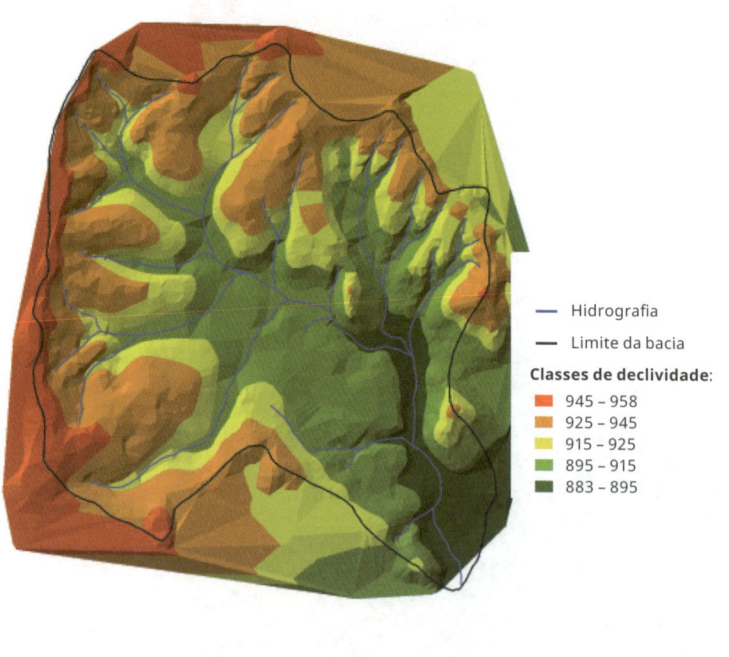

Legenda:
- Pontos Cotados
- Curvas de Nível
- Hidrografia
- Limite da Bacia

— Hidrografia
— Limite da bacia

Classes de declividade:
- 945 – 958
- 925 – 945
- 915 – 925
- 895 – 915
- 883 – 895

0   425   850 M

Fonte: Elaborado com base em dados do Suderhsa, 2000.

Figura 4.5 – Unidades de conservação na Região Metropolitana de Curitiba no ano de 2005

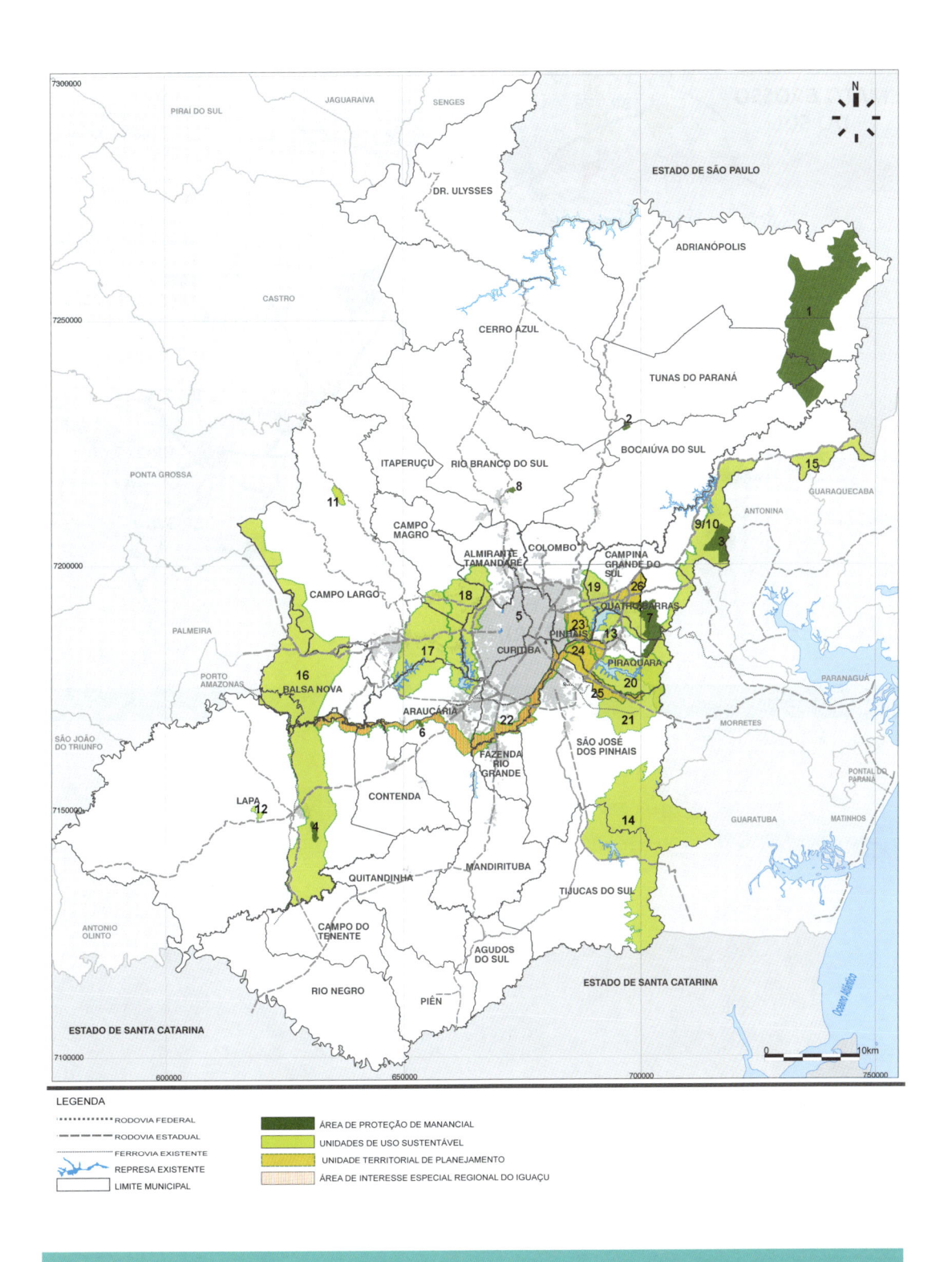

LEGENDA

- ············ RODOVIA FEDERAL
- – – – – RODOVIA ESTADUAL
- ············ FERROVIA EXISTENTE
- REPRESA EXISTENTE
- LIMITE MUNICIPAL
- ÁREA DE PROTEÇÃO DE MANANCIAL
- UNIDADES DE USO SUSTENTÁVEL
- UNIDADE TERRITORIAL DE PLANEJAMENTO
- ÁREA DE INTERESSE ESPECIAL REGIONAL DO IGUAÇU

Fonte: Mineropar; Comec, 2005.

Figura 4.6 – Classificação de APLs no Estado do Paraná no ano de 2006

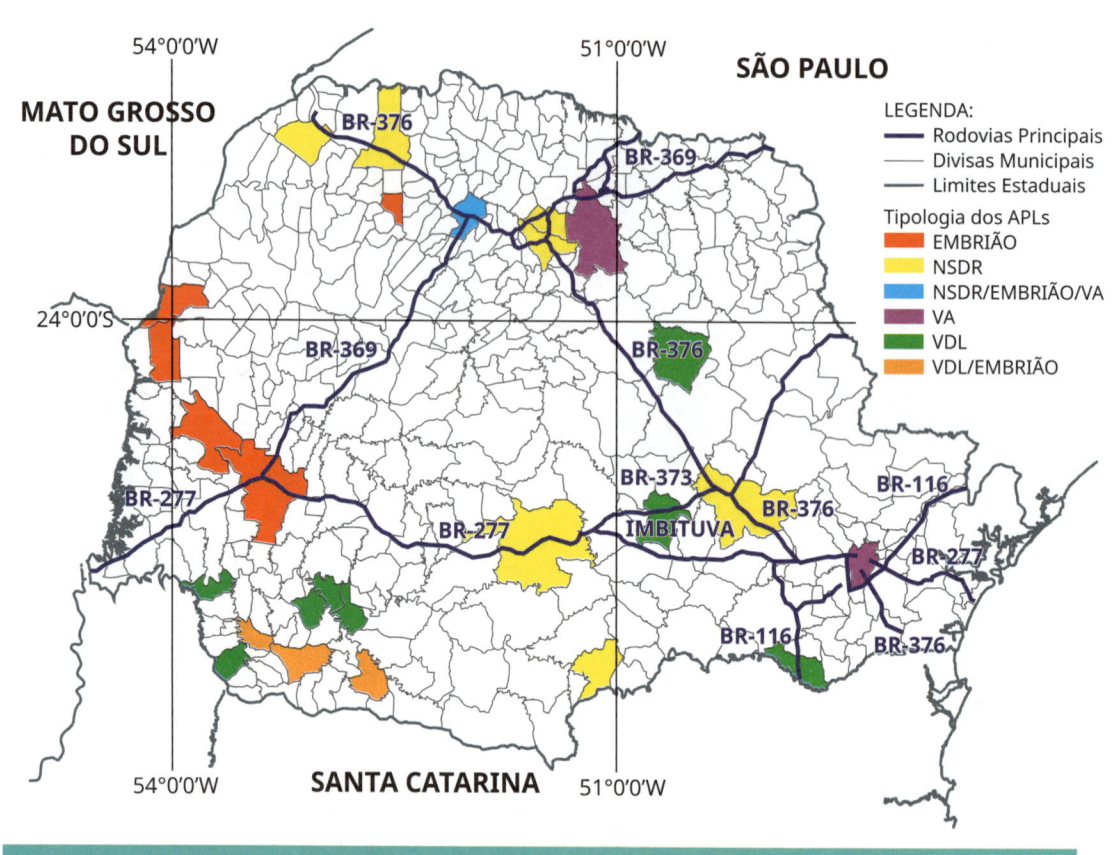

Fonte: Adaptado de Ipardes, 2006.

Figura 4.7 – Pluviosidade média do Brasil (1977-2006) pelo método de interpolação "vizinho mais próximo"

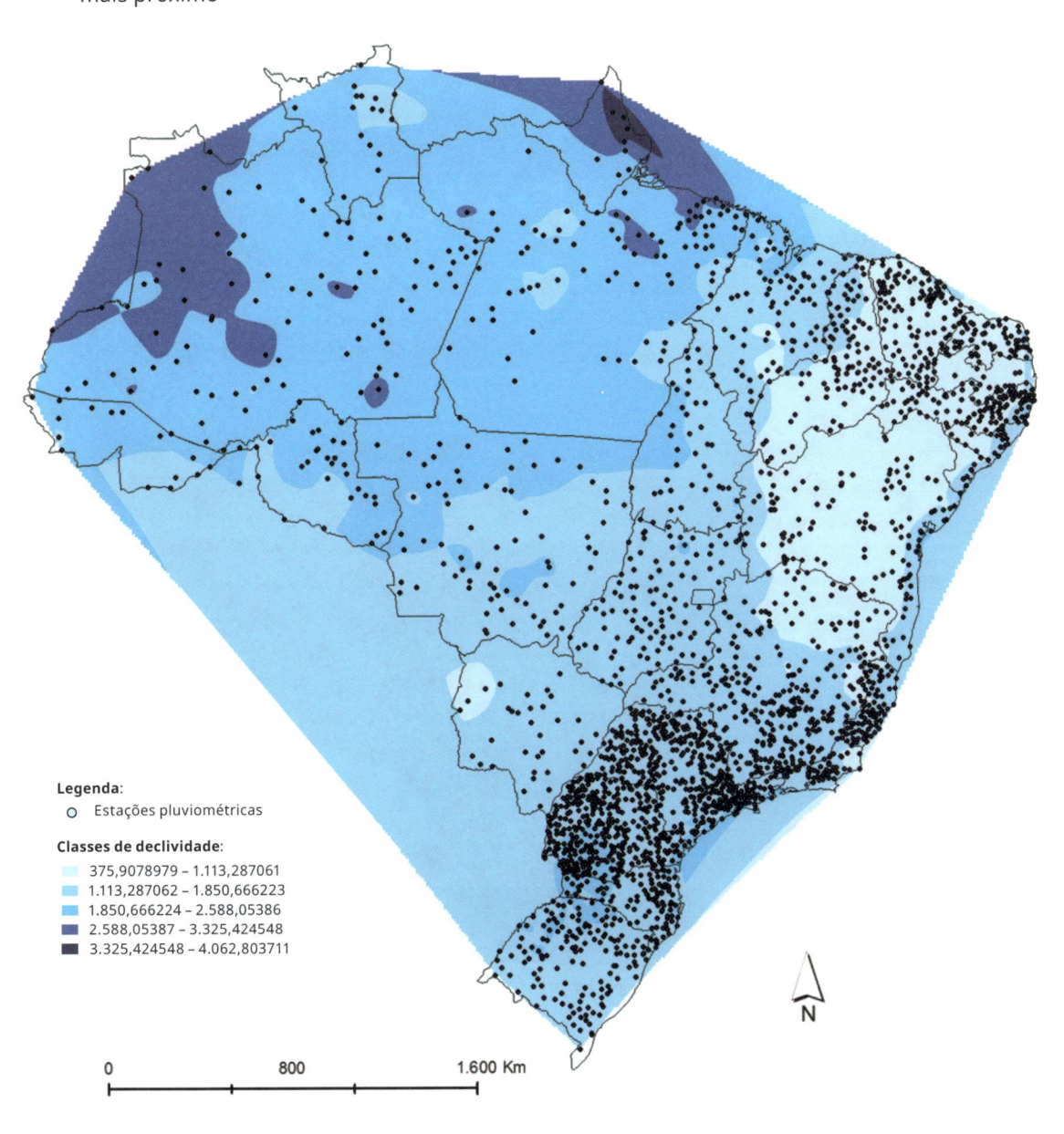

Legenda:
o Estações pluviométricas

Classes de declividade:
- 375,9078979 – 1.113,287061
- 1.113,287062 – 1.850,666223
- 1.850,666224 – 2.588,05386
- 2.588,05387 – 3.325,424548
- 3.325,424548 – 4.062,803711

Fonte: Baseado em CPRM, 2014.

Figura 4.8 – Pluviosidade média do Brasil (1977-2006) pelo método de interpolação da *krigagem*

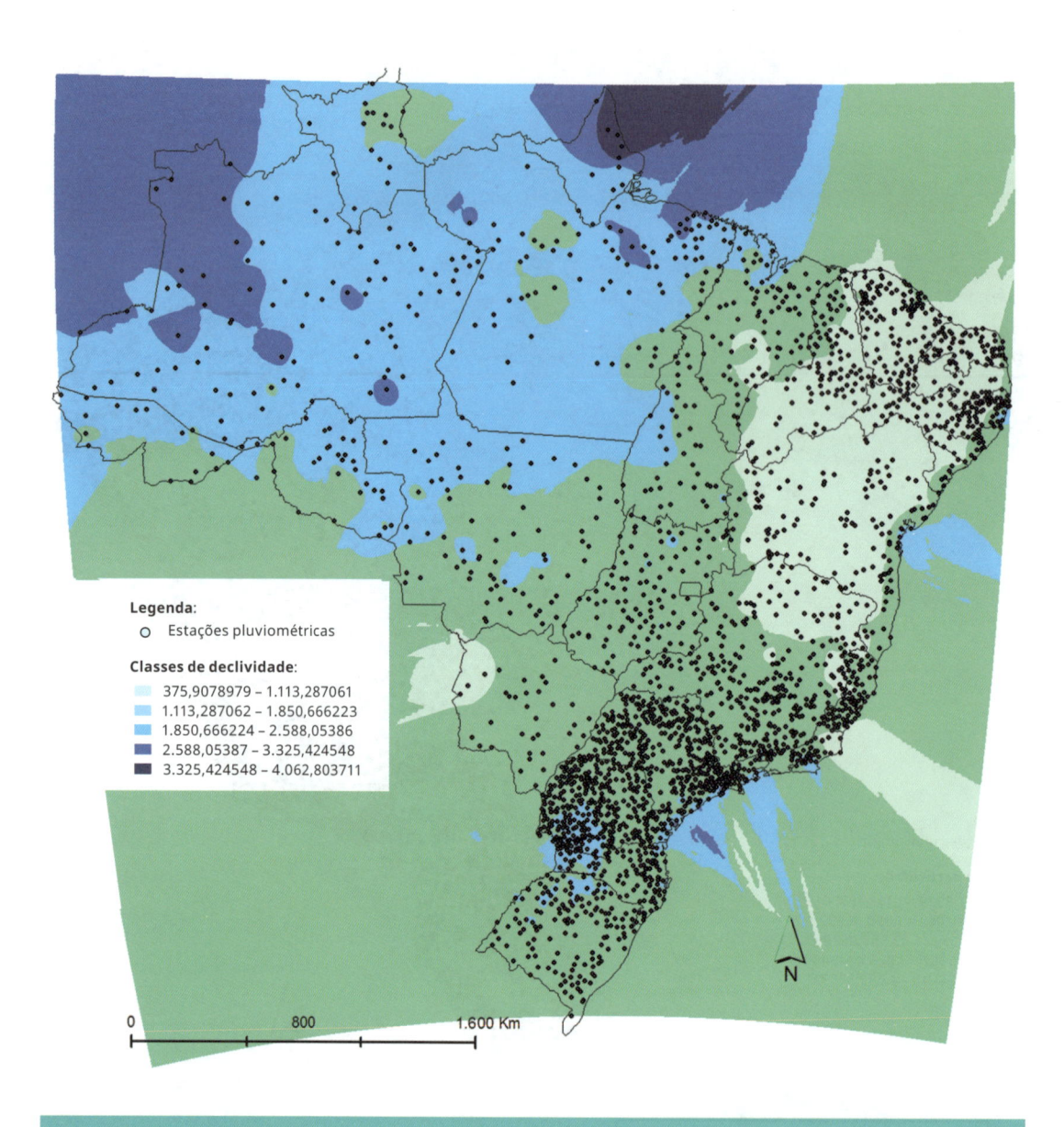

Legenda:
○ Estações pluviométricas

Classes de declividade:
- 375,9078979 – 1.113,287061
- 1.113,287062 – 1.850,666223
- 1.850,666224 – 2.588,05386
- 2.588,05387 – 3.325,424548
- 3.325,424548 – 4.062,803711

Fonte: Baseado em CPRM, 2014.

Impressão: Gráfica Exklusiva
Março/2022